빛으로의 여행

LIGHT

가시 스펙트럼에서 인간의 눈에 보이지 않는 빛까지

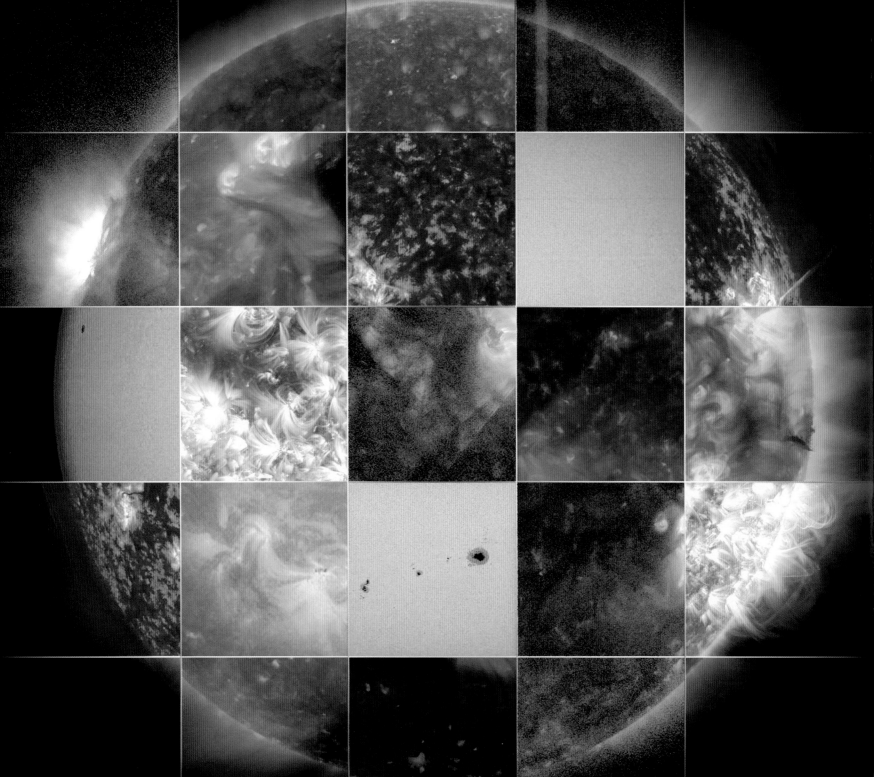

빛으로의 여행

LIGHT

가시 스펙트럼에서 인간의 눈에 보이지 않는 빛까지

킴벌리 아칸드, 메건 와츠키 지음 | 조윤경 옮김

빛으로의 여행

가시 스펙트럼에서 인간의 눈에 보이지 않는 빛까지

발행일 2016년 3월 2일 초판 1쇄 발행
지은이 킴벌리 아칸드, 메건 와츠키
옮긴이 조윤경
발행인 강학경
발행처 시그마북스
마케팅 정제용
에디터 권경자, 장민정, 최윤정
디자인 한지혜, 윤수경

등록번호 제10-965호
주소 서울특별시 영등포구 양평로 22길 21 선유도코오롱디지털타워 A404호
전자우편 sigma@spress.co.kr
홈페이지 http://www.sigmabooks.co.kr
전화 (02) 2062-5288~9
팩시밀리 (02) 323-4197
ISBN 978-89-8445-751-5(03420)

LIGHT

by Kimberly Arcand and Megan Watzke

이 도서의 국립중앙도서관 출판예정도서목록(CIP)은 서지정보유통지원시스템 홈페이지(http://seoji.nl.go.kr)와 국가자료공동목록시스템(http://www.nl.go.kr/kolisnet)에서 이용하실 수 있습니다.(CIP제어번호: CIP2015032436)

* 시그마북스는 (주)시그마프레스의 자매회사로 일반 단행본 전문 출판사입니다.

과학을 사랑하는 사람들을 위해

그리고 아직 과학과
사랑에 빠지지 않은 사람들을 위해

차례

▶ 태양이 선사하는 햇빛만이 빛은 아니다. 종류가 다를 뿐, 휴대전화로 누군가와 통화하거나 병원에서 엑스레이를 촬영할 수 있게 해 주는 것도 빛이다.

빛에 대한 소개

우리를 둘러싼 빛

인간이 매일 얼마나 다양한 방식과 형태의 빛을 접하는지 정확하게 아는 사람은 드물 것이다. 해가 뜨는 순간부터 우리 눈에 비치는 태양광에서 휴대전화로 통화할 때 접하는 전자파와 치과에서 엑스레이 촬영에 사용되는 엑스선까지 모든 것이 각기 다른 유형의 빛이다.

많은 사람들은 '빛'을 인간의 눈으로 감지할 수 있는 것이라고 생각한다. 하지만 앞으로 살펴볼 내용처럼 빛의 전체 범위 중 인간이 시각적으로 인지할 수 있는 부분은 극히 일부에 불과하다.

본래 빛이란 단순히 에너지의 한 형태이므로 인간의 눈에 보이지 않는 빛이 존재하는 것은 너무나도 당연하다. 인간이 감지할 수 있는 빛의 종류인 가시광선도 에너지에 해당된다. 다만 이렇게 우리가 눈으로 볼 수 있는 빛은 우주에 존재하는 빛 가운데 극히 적은 부분이다(제5장 참조). 가시광선보다 에너지가 낮은 빛도, 높은 빛도 존재한다.

가시광선과 '다른' 유형의 빛들을 구분하기란 어렵다. 이러한 빛들 역시 가시광선에서 약간 변형되었을 뿐 기본적으로는 같은 현상, 즉 에너지이기 때문이다. 피아노 연주에 비교하자면, 가운데 도middle C가 들어간 화음만 음악이고 다른 화음은 음악이 아닌 '다른 것'이라고 말할 수 없는 것과 마찬가지다. 다른 옥타브에 속한 음과 화음일지라도 모두 음악의 범주에 속하지 않는가.

빛에 대해서도 같은 논리를 적용할 수 있다. 세상에는 다양한 종류의 빛이 존재한다. 그중 다수가 우리에게 친숙한 빛의 범위에 속하지 않더라도 빛이라는 사실 그 자체는 변하지 않는다. 인간이라는 종이 특정한 범위의 빛, 즉 태양이 가장 강하게 방사하는 에너지 범위에 속하는 빛만 감지할 수 있게 진화했을 뿐, 실제로는 다양한 빛이 존재한다.

이는 다음의 사실을 생각하면 충분히 납득할 수 있을 것이다. 지구상에 존재하는 수많은 종은 오랜 세월 진화하는 동안 주변 환경에 적응해야 했다. 우리가 지구에서 가장 가까운 항성인 태양에서 빛을 얻는 것도 그러한 적응 방식 중 한 가지다. 생존과 종족 보존을 위해 지구의 생명체는 태양이라는 에너지원을 이용하도록 진화했다. 오늘날 우리는 태양이 궁극적으로 알려진 모든 종류의 빛을 방사한다는 사실을 알고 있다. 여기에는 적외선, 자외선, 엑스선 등이 포함된다. 그중에서 가장 많은 에너지를 내보내는 것은 가시광선의 형태다. 그 때문에 지구상의 생명체 대부분이 가시광선과 가시광선 덕분에 볼 수 있는 색들에 감수성을 지니도록 진화했다.

▲ 고대 그리스 시대, 심지어 그 이전 시대부터 사람들은 빛이란 정확히 무엇인지 정의하려고 노력해 왔다. 지난 수천 년 동안 매일의 일상생활 속에서 항상 빛을 접해 오면서 말이다. 하지만 이는 대부분 태양광선과 연료를 태워 생기는 불이 만들어 내는 빛이었다. 육안으로 볼 수 없는 다른 종류의 빛에 대해 인간이 '눈을 뜨기' 시작한 것은 고작 몇 세기 전이다.

▶ 전자파부터 감마선까지, 빛은 그 종류만큼이나 형태도 다양하지만 한마디로 정의할 수 있다. 바로 '에너지'다. 그리고 이러한 에너지를 전자기 복사라고 부른다. 특정한 빛이 방출하는 파장은 그 빛을 방출하는 물체의 온도와 매우 밀접하게 연관되는 경우가 많다. 그러므로 전자기 복사의 스펙트럼을 온도계로 시각화하면 더 이해하기 쉬울 것이다. 단, 우리가 지구에서 흔히 사용하는 것보다 측정 범위가 훨씬 넓은 온도계여야 한다.

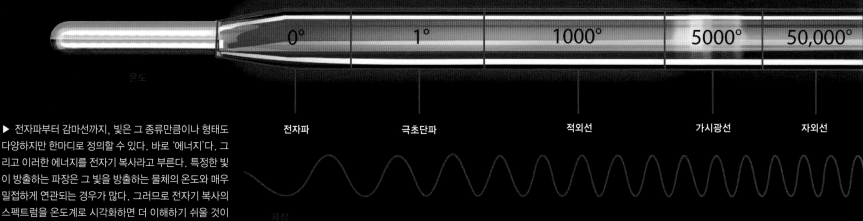

| 0° | 1° | 1000° | 5000° | 50,000° |

온도

| 전자파 | 극초단파 | 적외선 | 가시광선 | 자외선 |

파장

센티미터   마이크로미터

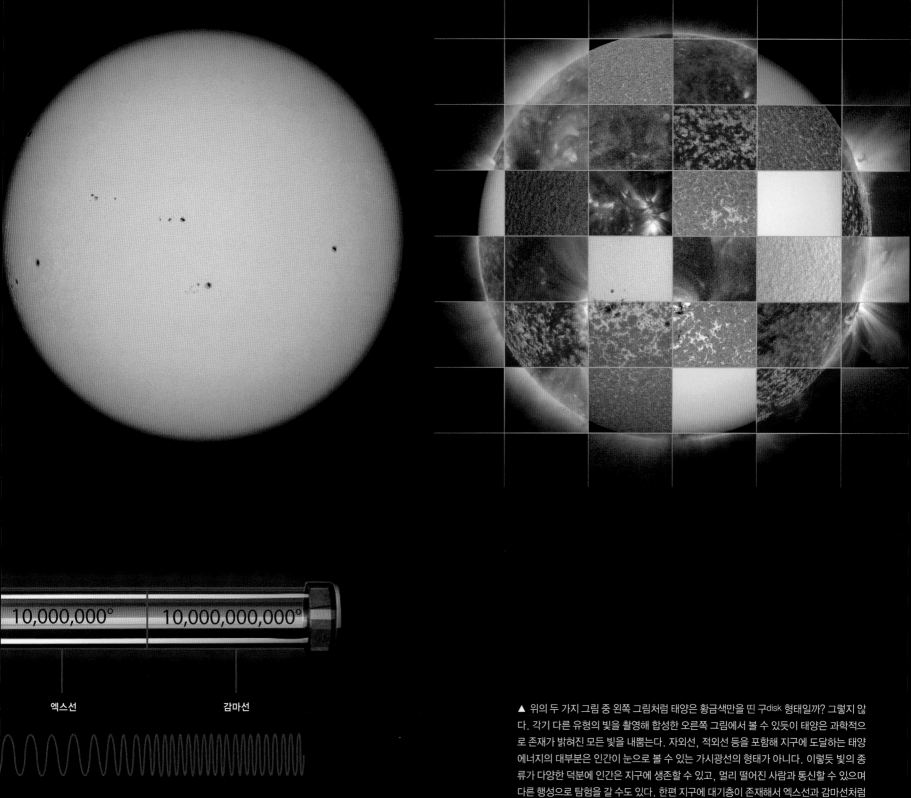

10,000,000°   10,000,000,000°

엑스선   감마선

▲ 위의 두 가지 그림 중 왼쪽 그림처럼 태양은 황금색만을 띤 구disk 형태일까? 그렇지 않
다. 각기 다른 유형의 빛을 촬영해 합성한 오른쪽 그림에서 볼 수 있듯이 태양은 과학적으
로 존재가 밝혀진 모든 빛을 내뿜는다. 자외선, 적외선 등을 포함해 지구에 도달하는 태양
에너지의 대부분은 인간이 눈으로 볼 수 있는 가시광선의 형태가 아니다. 이렇듯 빛의 종
류가 다양한 덕분에 인간은 지구에 생존할 수 있고, 멀리 떨어진 사람과 통신할 수 있으며
다른 행성으로 탐험을 갈 수도 있다. 한편 지구에 대기층이 존재해서 엑스선과 감마선처럼
태양이 복사하는 유해한 빛이 차단된다는 것은 지구상에 존재하는 생명체에게는 다행스러

전자기 스펙트럼

이처럼 빛이 다양한 형태를 띠는 까닭은 무엇일까? 어떤 형태를 띠고 있든 모든 빛은 에너지이며, 과학자들은 이러한 에너지를 '전자기 복사'라 일컫는다. 전자기 복사의 정확한 정의는 진공, 또는 공기나 물 등의 매질 간에 존재하는 빈 공간 사이를 이동하는 전자기파를 말한다(다른 '복사'도 존재하지만 이는 빛과는 무관하다).

그렇다면 전자기파는 무엇일까? '전자'는 전기장을, '자기'는 흔히 생각하는 것처럼 자기장을 의미한다. 전기장과 자기장은 서로 영향을 줄 수 있다. 전기장이 더 강해지거나 약해져서 변화가 생기면 그 주변에 자기장이 형성되고, 전기장 변화의 폭에 따라 자기장의 세기가 달라진다. 또한 자기장이 형성되면 전기장이 더 강해지거나 약해지고, 다시 자기장의 세기에 변화가 생기는 식이다. 이렇듯 물고 물리는 관계 때문에 전기장과 자기장은 전자기파로써 함께 진동하게 된다.

빛이 어떻게 작용하는지를 이해하기 위해서는 파동이 어떻게 움직이는지를 알아야 한다. 잔잔한 연못에 돌을 떨어뜨린다고 생각해 보라. 물 표면에 닿는 순간 돌은 여러 개의 파문, 즉 파동을 만들어 낸다. 해변을 향해 밀려드는 파도와 달리 연못의 파동은 돌이 만들어 낸 에너지가 모두 사라질 때까지 똑같은 모양, 똑같은 속도로 연못 가장자리를 향해 이동한다.

이제 연못의 같은 지점에 돌을 계속 떨어뜨려 에너지가 줄어들지 않고 파문이 같은 속도로 연못 가장자리를 향해 내리 움직이는 모습을 상상해 보라. 이 상상 속의 연못에서 당신은 일정한 지점에서 특정 시간 동안 새로운 파문이 얼마나 자주 지나는지를 측정할 수 있을 것이다. 이것이 바로 주파수다.

여러 가지 면에서 빛은 연못의 파문처럼 작용한다. 빛의 파동에서 에너지가 가장 높은 지점을 마루라고 하는데, 진공 상태에서 빛은 언제나 같은 속도로 이동하므로 연속한 두 개의 마루 사이에 간격, 즉 파장이 생기는 것이 빛의 중요한 특성 중 하나다. 일관된 속도로 움직이는 무언가에 대해 이야기할 때 주파수와 파장은 동전의 양면과도 같다(오른쪽 아래 그림 참조).

그리고 빛의 파동이 지니는 핵심적인 특징이 한 가지 더 있다. 바로 진폭이다. 파장이 파동의 가로축을 기준으로 한다면 진폭은 세로축, 즉 에너지가 가장 낮은 지점과 가장 높은 지점 사이의 폭이다. 파동의 파장을 보면 어떤 종류의 빛인지 알 수 있는 반면 진폭을 보면 빛의 강도, 즉 밝기를 알 수 있다.

주파수, 파장, 진폭, 이 세 가지의 특징으로 우리는 전자파에서 가시광선, 감마선, 그리고 그 사이에 존재하는 모든 빛을 설명할 수 있다. 그렇다면 이렇듯 다양한 빛이 존재하는 이유는 무엇일까? 그 답을 얻기 위해 먼저 우리는 특정한 물질이 어떻게 구성되는지를 살펴봐야 한다.

▲ 이 사진은 물에 작은 물체를 떨어뜨렸을 때 어떤 현상이 벌어지는지를 담고 있다. 물체가 수면에 닿으면 동심원 모양의 파문, 즉 파동이 만들어진다. 그리고 이 파문들은 수면에 떨어진 물체가 만들어 낸 에너지가 모두 소멸할 때까지 바깥쪽을 향해 이동한다.

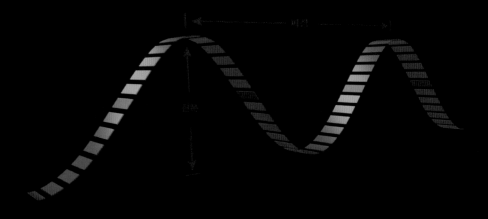

▼ 빛의 핵심적 특징 중 한 가지는 파장, 즉 연속한 두 마루 사이의 거리다. 진폭은 강도, 즉 밝기의 폭을 말한다.

빛은 엄청나게 빠른 속도로 이동한다. 소리의 경우, 음원까지의 거리가 멀면 실제 소리가 난 뒤 인간이 듣기까지 시간 차이가 나는 반면, 빛은 특별한 경우를 제외하고는 지구상에서 빛이 발산됨과 동시에 인간이 이를 볼 수 있다. 이처럼 일관되고 빠른 속도 때문에 빛은 광활한 우주 공간에서 더욱 중요한 의미를 지닌다. 천문학자들은 넓디넓은 우주에서 거리를 측정하기 위해 빛을 이용하기도 하는데, 이것이 바로 광년이라고 부르는 거리 단위다. 시간의 양처럼 들리지만 실제로는 1년 동안 빛이 이동하는 거리를 말하며, 약 9조 6,600억 킬로미터에 해당한다. 어마어마한 숫자처럼 보여도 우주의 광대함에 비하면 아무것도 아니다. 이를 실감할 수 있는 한 가지 예를 들자면, 현재 인간의 과학 기술로 관찰할 수 있는 항성의 가장 바깥 부분까지 관측한 천문학자들은 지구에서 그 항성까지의 거리가 자그마치 13.8광년이라고 했다.

그렇다면 가까운 곳의 우주는 어떨까? 태양을 제외하고 지구에서 가장 가까운 항성인 알파 센타우리 Alpha Centauri는 약 4광년 떨어진 지점에 위치한다. 즉, 인간이 빛과 맞먹는 속도로 이동하는 우주선을 만들 수 있다 해도 알파 센타우리까지 도착하려면 몇 년

이 걸린다는 의미다. 물론 다시 돌아올 때도 같은 시간이 걸린다.

하지만 현실적으로는 빛의 속도로 여행하는 일이 불가능하다. 현재 지구 궤도를 벗어나 알파 센타우리로 갈 수 있는 로켓은 약 시속 3만 8,600킬로미터까지 속력을 낼 수 있다. 이는 화성까지 당도하는 데만도 6~9개월이 걸리는 속도이며, 이 정도로는 향후 10만 년 안에 알파 센타우리까지 도달할 수 없다.

따라서 빠른 시일 내에 태양계 밖을 여행하는 일은 불가능할 것이다. 하지만 인간은 멀리 떨어진 항성, 은하계 등에서 방사되어 지구까지 도달하는 빛을 통해 다른 우주에 대해 알아낼 수 있다. 빛을 이용하여 우리는 특정한 항성이나 은하계까지의 거리를 측정할 수 있고, 이를 통해 그 대상이 우주의 어디에 존재하는지는 물론, 특정한 사건이 언제 일어났는지에 대해서도 자세히 알 수 있다. 다시 말해 광년은 거리를 나타내는 수치지만 빛이 우주 공간에서 기본적으로 아무런 방해도 받지 않고 이동하므로 그 거리를 고려해서 관찰 대상이 되는 항성이나 은하계의 나이까지 알 수 있는 것이다. 이 역시 빛의 독특한 특성 중 하나이자 빛이 우리에게 제공하는 정보다.

태양

▲ 허블 우주 망원경 덕분에 우리는 아직까지 가시광선을 이용해 볼 수 없는 아주 먼 곳의 대상까지 관찰할 수 있다. 과학자들은 허블을 사용하여 11일 이상, 비어 있는 것처럼 보이는 우주 공간의 한 지점을 관찰한 끝에 위의 사진에서와 같이 육안으로 확인할 수 있는 크기의 1억분의 1밖에 안 되는 물체를 형상화하는 데 성공했다. 이 사진에서 가장 멀리 떨어진 은하계는 빅뱅이 일어난 지 고작 몇억 년밖에 되지 않은 것으로 보인다.

알파 센타우리 B

알파 센타우리 A

◀ 알파 센타우리 A/알파 센타우리 B
이 그림은 세 개의 항성으로 이루어진 알파 센타우리 항성계를 묘사하고 있으며, 여기에는 적어도 한 개의 행성이 포함되어 있을 것으로 보인다. 알파 센타우리에는 태양을 제외하고 지구에서 가장 가까운 항성이 포함되어 있지만, 그 거리는 몇백 광년이나 되어서 현재의 과학 기술로는 갈 수 없다. 그림에서 오른쪽 위에 있는 항성은 태양이다.

원자와 분자, 그리고 빛

주기율표에 있는 118개의 원소는 말하자면 자연의 '레고'인 셈이다. 우리가 알고 있는 모든 것은 이 118개의 조각이 각각의 방식으로 배치되어 만들어진다. 아마 물리나 화학 수업 시간에 네모 속에 적힌 원소 기호들을 본 적이 있을 것이다. 모든 것의 기본 단위인 원소는 원자라 불리는 작은 입자들로 구성된다.

원자는 세 가지 구성 요소로 이루어진다. 중성자, 양성자, 그리고 전자다. 자연은 이 세 가지 핵심 조각의 형태를 다양하게 바꿔 그 어떤 원소도 구성할 수 있다.

중성자는 전기적으로 중성을 띠며 원자의 핵심, 즉 핵에서 찾을 수 있다. 핵에서 중성자와 연결되는 것이 바로 양성자이며, 이는 양성의 전하를 지니고 있다. 주기율표에 나와 있는 원소의 양성자와 중성자의 수는 각기 다르다. 예를 들어 수소는 양성자가 한 개고 헬륨은 양성자와 중성자가 각각 두 개씩이다.

원자가 중성을 띠려면 핵이 지닌 양성자와 궤도를 도는 전자의 수가 같아야 한다. 즉 양전하 입자 수와 음전하 입자 수가 같아서 플러스 마이너스 제로가 되어야 하는 것이다. 그러므로 원소 기호 2번인 표준 헬륨 원자의 경우 핵에 양성자가 두 개 있고 전자 두 개가 궤도를 따라 돈다.

중성자, 그리고 양성자와 달리 전자는 핵 바깥에 존재한다. 전자는 확실하게 정해진 궤도를 형성하며 핵 주변을 날아다닌다. 즉 전자는 자의적으로 다른 곳으로 이동할 수 없다.

계단을 생각하면 이러한 개념을 이해하기 쉬울 것이다. 사람들은 한 번에 계단 한두 칸을 오르거나 내려가지만 1.5층만큼의 계단을 한번에 오를 수는 없다. 전자 궤도도 이런 식으로 작용한다. 전자는 핵을 둘러싼 특정한 궤도, 즉 '계단'에 머물러야 한다. 다른 궤도로 이동할 수 있고 경우에 따라 그러기도 하지만, 전자가 두 개 이상의 궤도 사이에 존재할 수는 없다. 반드시 특정한 궤적 한 군데를 따라 돌아야 한다.

이러한 사실이 빛과 어떤 점에서 연관되었을까? 모든 면에서 상관이 있다. 전자는 한 궤도에서 다른 궤도로 이동할 때 빛을 발산하는데, 원소마다 발산하는 빛의 양이 다르다. 그리고 과학자들은 원소가 발산하는 빛의 특징만으로 원소를 구별할 수 있다.

그렇다면 전자가 계단을 오르기 시작하는 원인은 무엇일까? 다른 원자와 충돌하거나 전자기파와 만났을 때처럼 원자에 에너지가 유입되면 전자는 각기 다른 궤도 사이를 이동할 수 있다. 이런 현상이 일어나면 전자는 계단 한 칸(또는 두세 칸)을 뛰어올라 과학자들이 말하는 '상위 궤도'로 이동한다. 반대로 전자가 원래 있던 궤도로 돌아올 때는 에너지가 발산되며, 이것이 광자라 불리는 빛의 입자다.

이러한 광자가 생성될 때, 광자는 빛의 속도, 즉 초당 29만 9,763킬로미터의 속도로 원자의 발생지로부터 발산된다. 광자는 질량이 없고 전기 전하를 띠지 않지만 각각 일정한 수준의 에너지를 지니고 있다. 이러한 에너지 지문은 전자가 원래 궤도에서 다른 궤도로 이동할 때 측정된다. 즉 광자의 에너지는 어떤 계단을 내려가는지, 그리고 얼마나 많은 칸의 계단을 내려가는지와 정확하게 부합되는 것이다. 여기서 계단의 종류는 광자를 발산하는 원자의 유형을, 계단 칸 수는 이동이 시작되고 끝난 궤적을 말한다.

▲ 원자를 묘사한 이 그림에서 광자는 붉은색으로, 중앙의 중성자는 검은색으로 표현되었다. 또한 핵을 중심으로 한 궤도를 돌고 있는 전자는 푸른색으로 표현되었다.

▼ 원소 주기율표는 우주에서 자연적으로 발생하는 약 1백 개의 '소재'에 대한 정보를 보여 주는 조직 방식이다. 주기율표에 없는 원소들은 인간이 만들어 낸 것이다. 각 네모 칸 안의 기호 위에 명기된 숫자는 해당 원소의 원자 번호다. 이는 원소의 원자 한 개가 지닌 중성자의 수를 의미하기도 한다.

1 H 수소																	2 He 헬륨
3 Li 리튬	4 Be 베릴륨											5 B 붕소	6 C 탄소	7 N 질소	8 O 산소	9 F 플루오르	10 Ne 네온
11 Na 나트륨	12 Mg 마그네슘											13 Ai 알루미늄	14 Si 규소	15 P 인	16 S 황	17 Cl 염소	18 Ar 아르곤
19 K 칼륨	20 Ca 칼슘	21 Sc 스칸듐	22 Ti 타이타늄	23 V 바나듐	24 Cr 크로뮴	25 Mn 망가니즈	26 Fe 철	27 Co 코발트	28 Ni 니켈	29 Cu 구리	30 Zn 아연	31 Ga 갈륨	32 Ge 저마늄	33 As 비소	34 Se 셀레늄	35 Br 브로민	36 Kr 크립톤
37 Rb 루비듐	38 Sr 스트론튬	39 Y 이트륨	40 Zr 지르코늄	41 Nb 나이오븀	42 Mo 몰리브데넘	43 Tc 테크네튬	44 Ru 루테늄	45 Rh 로듐	46 Pd 팔라듐	47 Ag 은	48 Cd 카드뮴	49 In 인듐	50 Sn 주석	51 Sb 안티모니	52 Te 텔루륨	53 I 아이오딘	54 Xe 제논
55 Cs 세슘	56 Ba 바륨	57 La 란타넘	72 Hf 하프늄	73 Ta 탄탈럼	74 W 텅스텐	75 Re 레늄	76 Os 오스뮴	77 Ir 이리듐	78 Pt 백금	79 Au 금	80 Hg 수은	81 Ti 탈륨	82 Pb 납	83 Bi 비스무트	84 Po 폴로늄	85 At 아스타틴	86 Rn 라돈
87 Fr 프랑슘	88 Ra 라듐	89 Ac 악티늄	104 Rf 러더포듐	105 Db 더브늄	106 Sg 시보귬	107 Bh 보륨	108 Hs 하슘	109 Mt 마이트너륨	110 Ds 다름슈타튬	111 Rg 뢴트게늄	112 Cn 코페르니슘	114		116			118

58 Ce 세륨	59 Pr 프라세오디뮴	60 Nd 네오디뮴	61 Pm 프로메튬	62 Sm 사마륨	63 Eu 유로퓸	64 Gd 가돌리늄	65 Tb 터븀	66 Dy 디스프로슘	67 Ho 홀뮴	68 Er 어븀(에르븀)	69 Tm 툴륨	70 Yb 이터븀(이테르븀)	71 Lu 루테튬
90 Th 토륨	91 Pa 프로트악티늄	92 U 우라늄	93 Np 넵투늄	94 Pu 플루토늄	95 Am 아메리슘	96 Cm 퀴륨	97 Bk 버클륨	98 Cf 칼리포르늄	99 Es 아인슈타이늄	100 Fm 페르뮴	101 Md 멘델레븀	102 No 노벨륨	103 Lr 로렌슘

파장과 주파수

빛을 주제로 탐구를 시작하면 당신은 반드시 '주파수'라는 용어와 맞닥뜨리게 될 것이다. 과학자와 빛에 대해 책이나 논문 등을 쓰는 사람들은 특정한 유형의 빛이 얼마나 많은 에너지를 지니고 있는지를 설명할 때 주파수라는 용어를 사용한다. '주파수' 하면 파장과 비슷하게 들리지 않는가? 실제로 비슷한 면이 많고 여기에는 그만한 이유가 있다. 파장과 주파수는 사실 동전의 양면과도 같은 사이다. 주파수는 일정한 시간 동안, 예를 들어 1초 동안 정해진 지점에 파동의 마루가 통과한 횟수다. 빛은 빈 공간에서 일정한 속도(초속 29만 9,793킬로미터)로 이동하는데 주파수는 연속한 두 파동 마루 사이의 공간, 즉 파장과 직접적으로 연관된다. 우리의 눈앞에서 어떤 빛의 파동 마루가 1초에 다섯 번 지나간다고 가정해 보자. 그리고 파동 마루가 그보다 많이 지나가는,

다시 말해 주파수가 높은 제3의 빛이 있다면 이 빛의 파장은 짧아진다. 빛이 이동하는 속도인 파동의 속도는 일정하기 때문이다. 파장이 짧은, 즉 주파수가 높은 빛은 파장이 긴, 즉 주파수가 낮은 빛보다 높은 에너지를 지닌다.

이 책에서 우리는 파장을 기준으로 각기 다른 빛에 대해 논의할 것이다. 사실 역사적 이유든 그 외의 다른 이유든 전통적으로 어떤 빛과 그 주변에 형성되는 자기장과 전기장을 설명할 때 주파수를 척도로 사용하는 경우도 있다. 가장 대표적인 사례가 바로 전파다. 우리는 특정한 주파수를 맞추기 위해 라디오 다이얼을 조정한다. 하지만 이는 특정한 파장을 찾는 일이기도 하다. 그러므로 이 책에서는 독자들이 혼동하지 않도록 주파수라는 용어를 제외하고 파장을 사용할 것이다.

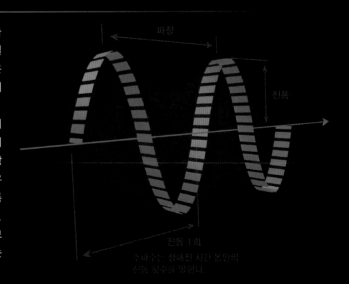

파장

진폭

진동 1회
주파수는 정해진 시간 동안의 진동 횟수를 말한다.

또한 광자는 파동처럼 움직이며 이동한다. 그리고 파동의 특성을 결정하는 것은 바로 광자가 지닌 에너지의 양이다. 빛이 지닌 에너지가 낮으면 연속한 두 마루 사이의 거리가 멀어지므로 파장이 길어지는 반면, 빛이 지닌 에너지가 높아 광자의 활동성이 높으면 파장은 짧아진다. 빛의 세기, 즉 빛의 파동 높이, 또는 진폭은 정해진 시간 동안 특정한 지점에 얼마나 많은 광자가 도달하느냐에 따라 결정된다.

광자는 파동처럼 이동하는 것 외에도 특정한 조건에서

소립자처럼 움직이기도 하므로 한마디로 정의 내리기 힘들다. 파동과 소립자는 일반적으로 물리학에서 상당히 다른 성질을 지닌다. 예를 들어 파동은 널리 퍼지고 우주 공간의 대부분을 차지하는 반면 소립자는 위치가 정해져 있다. 그런 면에서 빛이 두 가지 특성을 모두 갖고 있다는 사실을 밝혀낸 것은 과학적으로 중요한 돌파구이자 매우 놀라운 사건이었다.

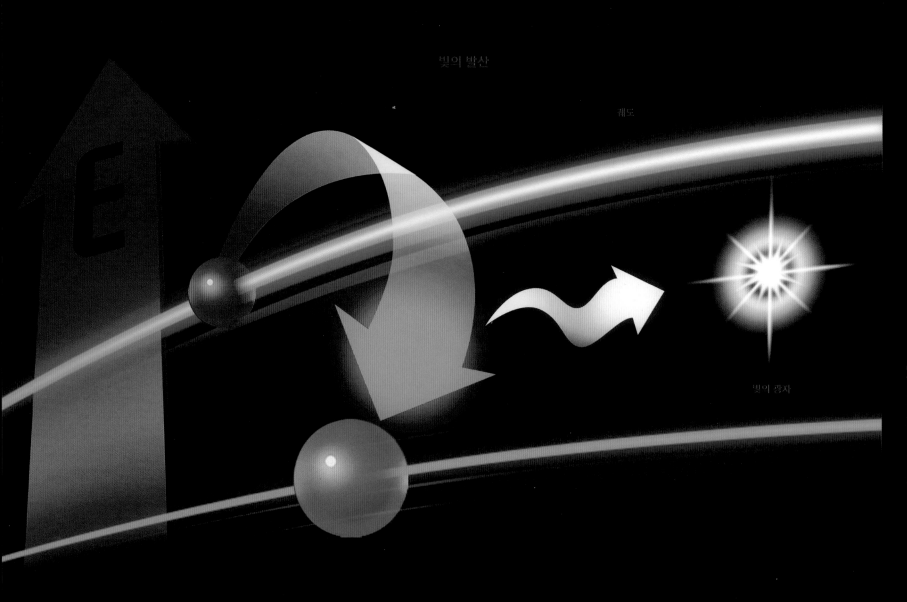

빛의 발산

궤도

빛의 광자

▲ 빛은 광자라는 수많은 원소 소립자로 이루어졌고, 광자는 에너지 덩어리다. 그리고 빛에 대한 연구를 통해 원자, 이온, 분자 등 모든 물질을 구성하는 소재에 대한 정보가 밝혀졌다. 위의 그림은 전자가 한 궤도에서 다른 궤도로 이동할 때 광자라 불리는 에너지 덩어리가 어떻게 발산되는지를 보여 준다.

이 책에서 앞으로 설명하겠지만, 세상의 모든 빛을 인간의 눈만으로 볼 수는 없다. 인간이 눈으로 볼 수 있는 빛은 볼 수 없는 빛에 비하면 극히 일부에 지나지 않는다.

하지만 과학과 공학, 테크놀로지가 발전한 덕에 우리는 이전에 볼 수 없던 것을 보게 해 줄 도구를 갖추게 되었다. 그리하여 과학자들과 인간의 눈에 보이지 않는 빛을 탐험하는 사람들은 시각적 '번역'을 통해 인간이 이러한 이미지를 볼 수 있는 방법을 개발했다.

한 언어를 다른 언어로 번역하면 의미나 의도를 그대로 유지하면서도 그 내용을 이해하고 지식을 얻을 수 있다. 마찬가지로 이러한 시각적 번역 덕분에 우리는 인간의 눈으로 볼 수 없는 물질이나 물체의 정보를 왜곡되지 않은 상태로 얻을 수 있다. 이는 인간의 눈과 뇌가 이해할 수 있는 형태로 데이터를 바꾸는 방법이다.

시각적 번역에서는 인간의 눈에 보이지 않는 빛을 표시하기 위해 색이 사용된다. 인간의 눈에 보이지 않는 데이터를 보이는 것으로 '번역'하는 것이다. 사실 각기 다른 색으로 빛을 구분하는 것 외에 딱히 적당한 방법이 없다. 색을 사용하는 방법이 다양한 만큼 사용되는 용어도 한 가지가 아니다. 그중 상당히 흔하게 사용되는 것이 '의색'인데 '의'라는 글자가 가짜라는 사실을 암시하므로 어떤 면에서 적절하지 않은 이름일 수 있다. 그러한 까닭에 '의색false color' 대신 '대표색representative color'이라는 용어가 사용되기도 한다.

요점은, 적어도 이 책에서 사용한 그림들은 작가가 의도한 것을 제외하고는 실제 과학적 데이터를 바탕으로 했다는 점이다. 또한 각 데이터 세트의 과학적 정보를 보기 좋게 전달하기 위해 색이 사용되었다.

색을 입히는 방법은 다양한 곳에서 중요한 도구로 사용된다. 여기에는 현미경처럼 세상에서 가장 작은 것을 다루는 분야에서 천문학처럼 가장 큰 것을 다루는 분야까지, 심지어 예술적 효과를 비롯한 그 사이의 모든 분야가 해당된다.

미생물학자의 경우, 쥐의 뇌 이미지를 만들 때 오로지 한 가지 빛에만 반응하여 드러나는 구조를 특정한 색으로 표현할 수 있다. 지질학자의 경우, 다른 지형을 지닌 지역들을 각기 다른 색으로 표시할 수 있다. 또한 천체물리학자의 경우, 어떤 우주 물체에 철이나 마그네슘 등 각기 다른 원소들이 어디에서 발견되는지를 보여 주기 위해 빛을 은색으로, 여러 원소를 각기 다른 색으로 표시할 수도 있다. 그러므로 당신이 분홍색 지구나 녹색 뇌를 담은 이미지를 본다면 이는 대표색을 입힌 것일 가능성이 높다.

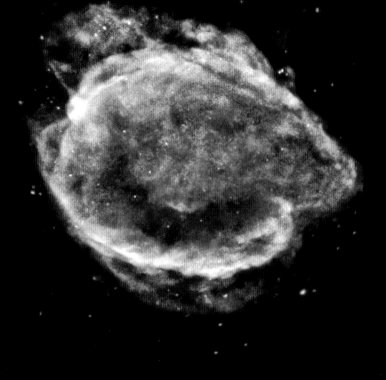

▶ 엑스선으로 촬영한 이 이미지는 지구에서 약 1만 6천 광년 떨어진 거대 항성이 죽은 뒤 생긴 초신성 잔해 G299.2−2.9를 담고 있다. 각각의 색상은 일부 엑스레이 빛을 통해 발견되는 원소들을 대표한다. 예를 들어 철은 녹색으로, 실리콘과 황은 파란색으로 표현된다.

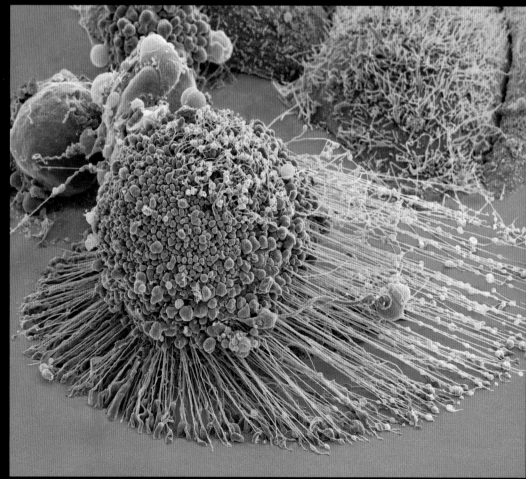

▶ 암으로 죽어가는 세포를 전자 현미경으로 정밀 조사한 그림으로 표본에 반사된 전자선을 조사하는 방식이다. 이렇게 해서 얻은 그림은 흑백이므로 천문학 분야에서 주로 그러하듯 나중에 색을 입혀야 한다. 많은 경우 과학 이미지에 색을 입히면 보는 사람들이 정보를 이해하는 데 도움이 된다.

▶ 화가 역시 의색, 즉 대표색을 표현 기법으로 사용하기도 한다. 예를 들어 고양이의 두개골을 엑스레이로 촬영한 이 이미지는 미적인 면을 고려하여 색상을 입혔다.

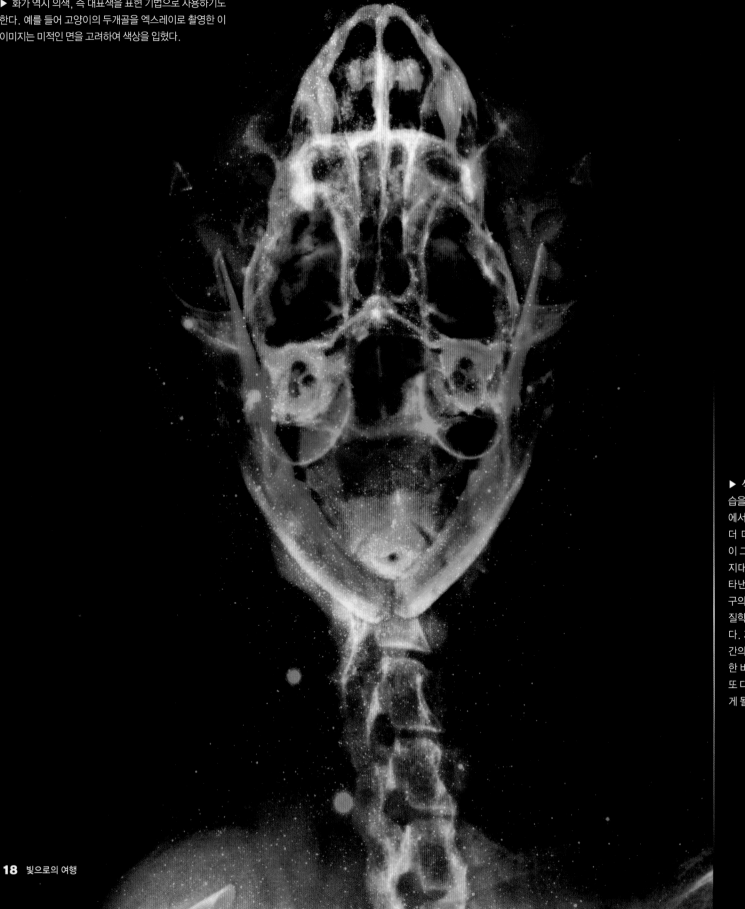

▶ 색을 입힌 이 금성의 모습을 만들기 위해 다양한 곳에서 오랫동안 수집된 레이더 데이터가 사용되었다. 이 그림에서 붉은색은 산악지대, 푸른색은 계곡을 나타낸다. 금성은 지형이 지구의 것과 비슷한 까닭에 지질학자들이 관심을 갖고 있다. 제2장에서 여러분은 인간의 눈에 보이는 것과 최대한 비슷한 색상으로 표현된 또 다른 금성의 이미지를 보게 될 것이다.

스펙트럼 세분화하기

빛을 분류하는 가장 일반적인 방법 한 가지는 파장을 기준으로 나누는 것이며, 이 책 역시 그러한 방법을 사용했다. 이미 많은 사람이 알고 있는 사실이지만, 빛을 의미하는 전자기 복사의 전체 범위는 전자기파 스펙트럼이라 불린다. 오랫동안 과학자들은 빛을 일곱 가지로 분류해 왔다. 제1장에서 우리는 특정한 파장과 그에 상응하는 광자의 에너지를 근거로 빛의 역할 몇 가지를 탐구해 볼 것이다.

하지만 이 같은 분류 방법으로 빛을 무 자르듯 엄격하게 구분할 수 있는 것은 아니다. 모든 빛은 연속된 형태를 지닌다. 최저 시속 1킬로미터, 최고 시속 100킬로미터, 또는 150킬로미터로 달릴 수 있는 자동차가 있다고 가정해 보자. 직접 느낄 수 있을 정도로 속도에 변화가 생기면 당신은 대략 몇 킬로미터로 달리는지 짐작할 수 있을 것이다. 시속 100킬로미터일 때와 150킬로미터일 때 자동차의 반응이 어떻게 다른지를 생각해 보라. 하지만 시속 99킬로미터일 때와 100킬로미터일 때는 속도의 변화가 거의 없으므로 당신은 그 차이를 느끼기 힘들 것이다. 같은 논리로 전파와 극초단파, 또는 엑스선과 감마선 사이에는 경계한 두 빛의 특징과 움직임 면에서 연속성이 있다.

하지만 스펙트럼에 있는 빛이 자연스럽게 구분되기도 한다. 가시광선, 즉 눈으로 볼 수 있는 유형의 빛은 인간이 눈으로 볼 수 있는 범위 안에만 존재한다. 윌리엄 허셜William Herschel은 1800년, 무지개의 일곱 가지 색 중 붉은색 너머에 다른 빛이 존재한다는 사실을 발견했다. 그리고 '붉은색 빛 아래'라는 의미로 이를 적외선이라 불렀다. 마찬가지로 요한 리터Johann Ritter가 무지개의 보라색 바로 너머에 있는 빛을 발견했을 때 이는 자외선이 되었다. 빛을 특정한 방식으로 분류하는 데에는 직접적, 또는 역사적 원인이 있지만 어떤 빛이 어디서 시작돼서 어디서 끝나는지에 너무 얽매일 필요는 없다. 어차피 전부 빛이니 말이다.

이 책에서는 빛을 크게 일곱 가지로 분류하는 방법을 사용하며, 에너지가 가장 낮은 전파로 시작하여 극초단파, 적외선, 가시광선, 자외선, 엑스선, 감마선으로 내용을 이어갈 것이다. 하지만 한 가지 명심하라. 이 일곱 가지 빛은 한 대의 차가 다른 속도로 움직이는 것과 같다. 이제 각각의 빛이 어떤 일을 하는지, 우리의 일상에 어떤 도움을 줄 수 있는지를 살펴보도록 하겠다.

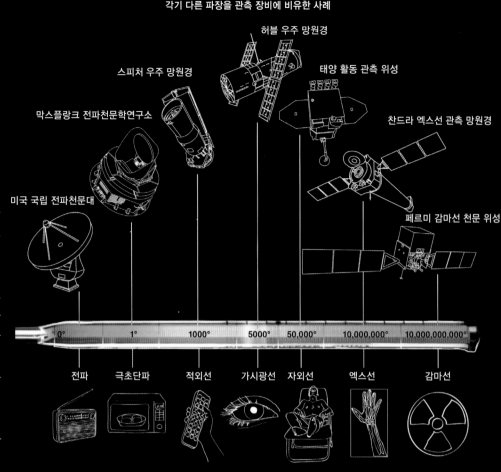

각기 다른 파장을 관측 장비에 비유한 사례

허블 우주 망원경
스피처 우주 망원경
태양 활동 관측 위성
막스플랑크 전파천문학연구소
찬드라 엑스선 관측 망원경
미국 국립 전파천문대
페르미 감마선 천문 위성

0°   1°   1000°   5000°   50,000°   10,000,000°   10,000,000,000°

전파   극초단파   적외선   가시광선   자외선   엑스선   감마선

각기 다른 파장을 일상과 연관시켜 비유한 사례

▲ 4백여 년 전, 이탈리아 과학자 갈릴레오 갈릴레이가 처음 하늘을 관찰했을 때 사용한 망원경은 단순히 인간의 시각적 능력을 증대시키는 수준이었다. 그러므로 갈릴레오가 이 망원경으로 관찰한 가시광선은 현재 우리가 우주 전체에서 발산된다고 알고 있는 빛의 전체 범위 가운데 극히 일부분에 불과하다. 빛은 파장이 긴 순서대로, 전파, 극초단파, 적외선, 자외선, 엑스선, 감마선으로 구성되며 전파부터 적외선까지 파장이 긴 빛은 장파장에, 자외선부터 감마선까지 파장이 짧은 빛은 단파장에 속한다. 위 그림은 전자레인지에서 병원 엑스선 촬영까지, 매일의 일상생활에서 우리가 접하는 다양한 종류의 빛을 보여 준다.

▼ 무지개는 대부분의 인간이 육안으로 볼 수 있는 색상 가운데 여섯 가지 색, 즉 붉은색, 주황색, 노란색, 녹색, 파란색, 보라색으로 나뉜다. 파란색과 보라색 사이에 감색을 포함시키기도 하지만 이는 흔하지 않은 경우다. 하지만 1800년, 윌리엄 허셜이 붉은색 너머에 존재하는, 인간이 볼 수 없는 다른 유형의 빛을 발견했다. 이 빛은 훗날 '적외선'이라는 이름을 얻게 된다. 또한 적외선이 발견된 직후 요한 리터는 보라색 너머에도 다른 빛이 존재하는지를 실험했고 그 결과 새로운 빛을 발견했다. 그리고 마침내 이 빛은 자외선이라는 이름을 얻었다. 오늘날 우리는 빛의 전체 스펙트럼을 일곱 가지 유형으로 나눈다. 전파, 극초단파, 적외선, 가시광선, 자외선, 엑스선, 감마선이다.

▶ 수천 년 동안 인간은 빛을 이해하려 노력했다. 그리고 그러한 노력은 아직도 진행되고 있다. 역사상 가장 뛰어난 두뇌를 지닌 사람들이 빛은 무엇이며, 어떻게 작용하는지를 연구하는 데 매진해 왔다. 그 예로 우선 피타고라스, 유클리드, 프톨레마이오스 같은 고대 그리스 학자들을 들 수 있다. 이들은 모두 빛을 탐구하는 데 몰두한 인물들이다. 또한 1천 년 전 아라비아 학자들은 거울, 렌즈, 프리즘의 기능에 대한 연구에서 괄목할 만한 발전을 이루었다. 그리고 지난 몇 세기 동안 아이작 뉴턴, 알베르트 아인슈타인 등 수많은 과학자가 빛의 실체와 빛이 고유의 방식으로 작용하는 원인을 밝히고자 엄청난 노력을 쏟아왔다.

▶ 빛은 어떤 일을 할 수 있을까? 이 사진에서 우리가 볼 수 있는 빛의 특성은 고작 두어 가지에 불과하다. 제4장 가시광선에서 탐구하겠지만, 해가 질 때 구름이 끼면 태양이 붉은색을 띤다. 이는 태양이 발산하는 붉은색 광선의 파장이 긴 까닭에 파장이 짧은 푸른색 빛보다 지구 대기권을 통과하는 과정에서 덜 분산되기 때문이다. 또한 이 사진에서는 햇빛이 사진 아래 부분의 수면에 반사되는 모습을 볼 수 있다. 파도가 있는 수면의 경우 빛이 맞닥뜨리는 수면의 각도가 매우 다양하므로 태양광선이 여러 방향으로 반사된다.

덧붙이는 말

이 책을 쓴 목적은 비교적 간단하다. 우선 사람들이 세상에는 인간의 눈으로 볼 수 있는 가시광선 외에도 다양한 빛이 존재한다는 사실을 깨닫게 하는 것이다. 두 번째 목적은 각각의 빛이 할 수 있는 놀라운 일들을 전달하는 것이다. 세 번째 목적은 여러 가지 빛이 각기 다른 형태로 존재하지만 기본적으로는 모두 같은 것이라는 사실을 전하는 것이다. 또한 우리는 우리가 빛이라 부르는 이 경이로운 것을 이해하고 이용하는 데 공헌해 온 수많은 사람들을 소개할 것이다.

이러한 목적을 달성하기 위해 우리는 전파, 극초단파, 적외선, 가시광선, 자외선, 엑스선, 감마선의 일곱 가지 빛을 각각 한 장씩 할애하여 고유의 특징을 설명했다. 각 장에는 다음과 같은 내용이 포함되어 있다.

▶ **주목해야 할 과학자** : 이 항목에서는 특정한 빛, 주로 최초 발견과 관련한 영역에서 중요한 성과를 거둔 인물들을 언급할 것이다. 하지만 포괄적인 내용을 다루는 만큼 핵심적인 공헌을 한 사람 가운데 일부 밖에 언급할 수 없었다. 빛에 대해 흥미를 가진 독자들이 이 분야의 개척자들에 대한 탐구심을 갖는 출발점이 되기를 바란다.

▶ **우주를 가로질러** : 이 항목에서는 각 유형의 빛을 이용하여 우리의 우주에 대해 밝혀낸 다양한 사실을 간략하게 설명할 것이다. 19세기까지 가시광선 외에 다른 형태의 빛은 대부분 알려지지 않았다. 지구 대기권 밖으로 망원경과 각종 장비를 싣고 갈 수 있는 로켓 등의 테크놀로지는 대부분 20세기 중반이 되어서야 사용할 수 있었다. 다시 말해, 몇천 년 동안 인간의 눈으로 하늘을 올려다보며 우주에 대해 밝혀낸 것보다 지난 한 세기 동안 밝혀낸 것이 더 많다.

▶ **스펙트럼을 확장하다** : 각각의 빛이 지닌 고유의 특징을 설명한 것과 달리 여기에서는 여러 가지 유형의 빛이 지닌 공통점들에 중점을 둘 것이다. 간단히 말해 우리는 수많은 차이점이 있음에도 불구하고 빛의 정체는 결국 빛이라는 사실을 강조하고자 한다.

◀ 뉴멕시코 주 소코로에 위치한 대형 전파간섭계는 전파 안테나 27개로 구성된다. 각 안테나는 지름 약 25미터, 중량 약 230톤이다.

1

전파

전파는 인간이 현재 탐지할 수 있는 범위에서 가장 낮은 에너지를 지닌 빛이다. 이렇게 말하면, 전파가 가장 약한 빛이라는 의미로 생각할지 모르지만 실제로는 그와 반대다. 전파는 다양한 물질을 투과하는 일과 통신에서 탐험까지 다양한 일을 가능하게 한다.

한 눈에 보는 전파

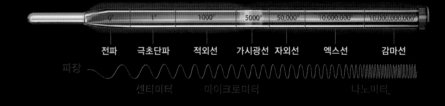

파장(센티미터): 전파 파장의 길이는 1밀리미터에서 약 1백 킬로미터까지 달한다.
규모: 범위가 넓지만 평균은 건물 크기다.
주파수^{Hz}: $<3 \times 10^{9}$
에너지^{eV}: $<10^{-5}$
지구 표면 도달 여부: 그렇다.
전파를 사용하는 과학 장비: 라디오, 망원경, 송수신기, 기상 및 기타 레이더

전파 요점 정리
◉ 파장이 가장 긴 종류의 빛이 여기에 속하며 범위가 매우 넓다.
◉ 전파는 대부분 공기, 물, 다양한 건축자재 등 지구에 존재하는 일반적인 물질을 통과할 수 있다.
◉ 인공적인 방법 외에도 번개, 그리고 쿨 가스 구름, 항성, 은하계 같은 우주의 다양한 물체에 의해 전파가 자연적으로 지구에 방출되기도 한다.

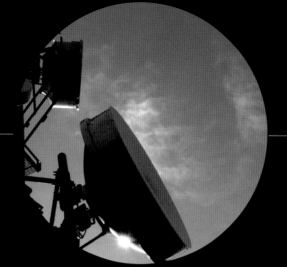

일상 속의 전파

쉴 새 없이 울려대는 자명종 소리 대신 라디오 소리에 잠을 깨는 것을 좋아하는 사람도 있다. 이 경우 매일 아침 라디오에서 들려오는 노래나 뉴스는 다를지 몰라도 이것이 사람들이 하루 일과 중 처음 접하는 전파라는 사실은 다르지 않을 것이다. 비록 음파로 변환된 것이라 해도 말이다. 또한 GPS 시스템을 이용해서 새로운 장소를 찾아가고 있다면 당신은 방금 전파를 사용한 것이다. 무선, 또는 휴대전화로 통화를 하거나 블루투스 기능이 있는 장비를 사용할 때, 심지어 리모컨으로 차고 문을 열 때도 마찬가지다.

전자기 스펙트럼의 한쪽 끝 지점에서 우리는 전파에 대해 알아보기 위해 빛의 세계 여행을 시작하려 한다. 전파는 전자기 스펙트럼 중 장파장 구역의 끝에 위치하며 엄청나게 다양한 종류가 존재한다. 파장 곡선이 정점에 달한 부분을 마루라고 하는데, 전파 중 파장이 가장 짧은 것은 한 마루와 다음 마루 사이의 거리가 몇 백분의 1인치인 반면 가장 긴 것은 96킬로미터 이상에 달한다.

연속한 두 마루 사이의 거리가 긴 덕분에 전파는 특수한 기능을 할 수 있다. 다른 전자기파의 영향을 받지 않고 공간을 뚫고 이동할 수 있는 것이다. 그 원인을 이해하기 위해 코끼리와 각다귀(다리가 길고 몸이 가늘며 모기처럼 생긴 곤충으로 성충은 흡혈을 한다 – 옮긴이)를 생각해 보라. 모기가 아무리 그 주변을 날아다녀도 코끼리의 갈 길을 막을 수는 없을 것이다. 하지만 모기 한 마리가 다른 모기의 갈 길을 방해하려 한다면 성공할 가능성이 매우 높다. 둘의 크기가 같기 때문이다.

전파는 빛의 왕국에서 코끼리에 해당한다. 뭐, 적어도 이 비유에서는 말이다. 전파는 우리의 세상을 채우고 있는 다른 형태

의 무수한 빛에 영향을 받지 않을 정도로 파장이 길다. 이는 파장이 긴 덕분에 전파가 공기, 물, 콘크리트 등 다양한 물질도 통과한다는 의미다. 말하자면, 지구 대기권 안에 존재하는 원자, 또는 건물 벽에 존재하는 회반죽 분자가 모기에 해당하며, 이는 전파라는 느긋한 코끼리에게 영향을 미치지 않는다는 것이다.

이러한 특징, 즉 '슈퍼 파워'는 전파가 중요한 용도로 사용되는 이유다. 그 이름에서 연상할 수 있듯이 이 용도에는 라디오도 포함된다. 대부분의 사람이 그러하듯 당신이 지금껏 라디오를 사용해 왔다면 각 방송국마다 고유의 주파수를 사용한다는 사실을 알 것이다. 그리고 앞에서 언급했듯이 두 개의 연속한 마루 사이의 파장 곡선이 바로 주파수 1회에 해당된다. 각각의 라디오 방송국은 정부 기관으로부터 지정받은 특정한 주파수를 사용하여 방송을 내보낸다. 그럼 청취자들은 다이얼을 돌리거나 버튼을 눌러 주파수를 올렸다 내렸다 하며 특정한 신호를 잡기 위해 조정한다.

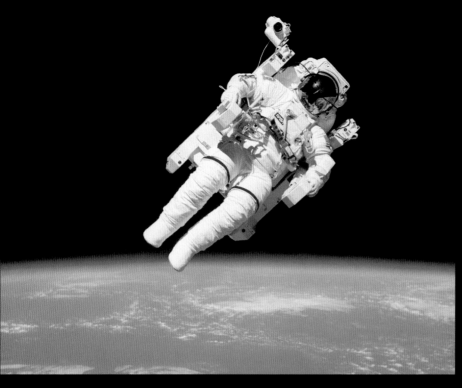

잠시 음파에 대한 이야기를 해 보자. 우주 공간에서 누군가가 비명을 지르는 소리를 들을 수 있을까? 당신이 운 좋게 우주로 나갔고 우리가 우연히 당신과 함께 있다면 말이다. 비명을 지르는 데 이용할 수 있는 공기층이 충분히 형성되어 있고 우리가 같은 공기층에 존재한다면 별 문제 없을 것이다. 하지만 당신이 우주복을 입지 않은 채 진공 상태의 공간을 둥둥 떠돌아다니는 중이라면 비명을 지를 공기가 없을 것이다. 또한 공기가 부족하면 당신의 비명소리를 누군가 들을 수 있느냐 없느냐보다 더 크고 중요한 문제에 직면한다. 바로 숨을 쉴 수 없다는 것이다. 이 사진은 나사 소속 우주인 브루스 매캔들리스 2세Bruce McCandless II가 1984년 우주왕복선 챌린저 호에서 떨어져 나와 우주 공간으로 몇 미터 이동하는 모습을 담고 있다.

주목해야 할 과학자

하인리히 헤르츠Heinrich Hertz

독일 과학자 하인리히 헤르츠는 19세기 말, 전파의 존재를 증명한 사람이다. 헤르츠는 전파를 생성하고 퍼뜨리는 것은 물론 전파가 기본적으로 전자기 복사라는 사실을 이해하고 입증해냈다(1865년, 전자기를 처음 착안한 것은 제임스 맥스웰James Clerk Maxwell이라는 과학자였다). 36세의 나이로 사망한 까닭에 활동 기간은 짧았지만 헤르츠는 다양한 실험을 수행했다. 예를 들어 그는 전파가 가시광선 같은 전자기파와 같은 속도를 지녔다는 사실을 증명했다. 그 결과 전파가 기본적으로 빛과 유사하며, 빛의 한 유형으로 간주되어야 한다는 사실이 밝혀졌다. 헤르츠의 가장 중요한 업적은 아마도 전파 형태를 지닌 빛의 파동을 무선으로 보낼 수 있다는 사실을 증명하여 오늘날 사용되는 수많은 '무선' 테크놀로지 장비들이 태어나는 기초를 마련했다는 점일 것이다. 많은 세월이 지난 뒤 헤르츠의 성이 주파수의 단위로 사용되었고 약자 Hz로 표기되었다. Hz는 1초당 연속한 두 마루 사이, 즉 파장 주기가 몇 번 지나가는지를 말한다.

우리는 전파를
들을 수 있는가?

전파는 전자기 복사의 일종인 만큼 다른 유형의 전자기 복사와 같은 속성을 지닌다. 또한 라디오'파'라는 이름에서 알 수 있듯이 물결치듯 이동하는 파동이다. 라디오는 특정한 파장을 지닌 전파가 이동할 때 여기에 사람의 목소리나 음악을 덧붙여 이러한 광파와 함께 정보를 전달한다. 그 방법은 두 가지가 있으며 라디오에서 말하는 AM과 FM이 바로 그것이다. AM은 파장의 높이, 즉 진폭을 바꾸는 방법으로서 진폭 변조Amplitude Modulation라 불리며, FM은 파장 사이의 간격을 약간 조정하는 방법으로 주파수 변조Frequency Modulation라고 불린다. AM이냐 FM이냐에 따라 라디오 방송국이 사용하는 전파가 달라진다. AM 라디오 방송국은 파장 길이가 몇백 미터인 주파수를 사용하는 반면, FM 라디오 방송은 길이가 약 3미터인 주파수대에서 신호를 잡을 수 있다.

이쯤에서 사람들이 흔히 하는 오해를 바로잡아야 할 것 같다. 전파, 그리고 사람들이 전파와 혼동하는 음파에 대한 이야기다. 우리는 매일 음파를 접한다. 음파란 인간의 귀에 소리를 전달해 주는 역할을 한다. 전파와 음파의 가장 중요한 차이점은 이동하는 환경이다. 전파는 다른 모든 전자기파와 같이 진공 상태에서 자유롭게, 그리고 끝없이 이동할 수 있다. 반면 음파는 공기 등 이동하는 데 사용되는 매개체를 압축하는 파장이다. 매개체 없이 음파는 존재하지 않는다. 중요한 차이점 한 가지를 더 언급하자면, 이동하는 속도다. 평균 해면에서 음파는 소리의 속도, 즉 시속 1,200킬로미터로 이동한다. 반면 전파는 일종의 빛이므로 초속 299,792,458미터의 속도로 이동한다.

그렇다면 전파와 음파는 어떤 식으로 연관된 것일까? 기계를 사용하면 전파를 음파로, 음파를 전파로 변환할 수 있다. 라디오 방송 송신기는 음파를 전파로 변환하고, 라디오 수신기는 전파를 음파로 변환한다. 이는 전파를 받아 스피커를 통해 기계적 진동으로 변환하고, 그 결과 인간이 청각으로 감지할 수 있는 음파로 바뀌는 것이다.

각설하고 전파는 빛의 한 가지 형태이므로 음파를 이용한 AM, 또는 FM 방송국이 전달할 수 있는 것보다 훨씬 먼 곳까지 도달하며, 훨씬 더 많은 일을 할 수 있다. 그리고 다양한 경로를 통해 지구상에서 자연적으로 생산되는데, 그 경로에는 번개, 그리고 은하수에서 블랙홀까지 우주 공간에서 전파를 생성하는 다양한 원인이 해당된다.

위성항법장치|Global Positioning System, GPS는 지구 궤도를 도는 인공위성과 지상의 기지국을 연결하는 것으로서 원래 미국에서 군용으로 고안되었다. 오늘날 GPS 위성들은 지구를 12시간에 한 번씩 돌며 수신자에게 전파를 보내고 있다.

세티 그리고 '와우!' 신호

지구 외에도 생명체가 사는 행성이 있는지 궁금한가? 그렇다면 당신은 수많은 사람이 같은 의문을 품어왔다는 사실이 반가울 것이다. 만일 지구 외의 다른 문명이 존재한다면 그 거리는 얼마나 될까? 그리고 과연 그들과 교신할 방법이 있을까? 바로 그러한 질문에 대해 연구하기 위해 외계 지적 생명체 탐사, 즉 세티SETI 프로그램이 시작되었다. 과학자들은 전파는 우주 가스와 먼지에 의해 거의 방해받지 않고 우주 공간을 통과할 수 있으므로 외계 문명이 다른 문명과 접촉하기 위해 전파를 사용할 가능성이 있다는 가설을 세웠다.

1977년, 오하이오 주립대학에 설치된 전파 망원경에 전형적인 지구 주변의 배경 소음보다 30배나 강한 신호가 감지되었다. 이 전파 신호는 72초 동안 지속되었지만 그 이후 다시 감지되지 않았다. 오른쪽 그림을 보면, '6EQUJ5'라는 글자가 나오는데, 당시 관찰하고 있던 사람이 이 신호가 반복되는 것을 본 뒤 '와우'라는 감탄사를 옆에 적었다. 바로 여기에서 세티 신호의 별명이 만들어진 것이다. 하지만 단 한 번에 그친 까닭에 이 신호를 시험하고 확인할 수 없었다. 따라서 이것이 컴퓨터의 결함 때문에 발생한 것인지 우주에서 온 것인지, 아니면 그 밖의 전혀 다른 것인지 결코 알 수 없다. 하지만 외계의 지적 생명체를 탐구해 온 역사를 통틀어 볼 때 이는 주목할 만한 순간이었다.

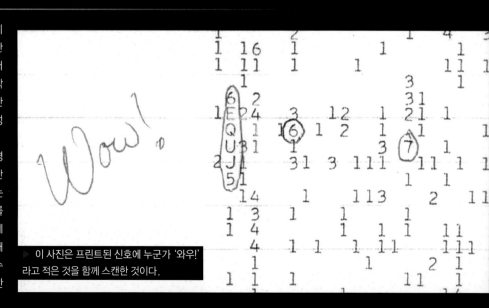

이 사진은 프린트된 신호에 누군가 '와우'라고 적은 것을 함께 스캔한 것이다.

귀중한 파장 부동산

인간은 이제 다양한 방법으로 전파의 힘을 이용할 수 있게 되었다. 휴대전화로 통화를 하거나 리모컨으로 주차장 문을 열 때마다 전파를 사용하는 식이다. 좀 더 규모를 키워 보자면, 전파는 항공, 기상 레이더, GPS 같은 내비게이션 시스템 등 다양한 것들을 가능하게 한다.

실제로 전파는 다양하게 이용할 수 있으므로 그만큼 가치가 크다. 그러한 까닭에 누가 어떤 파장의 전파를 어떤 목적으로 사용할지를 결정하기 위해 공공기관과 기업이 참여하는 국제기구가 설립되었다. 국제전기통신연합은 전 세계 거의 모든 국가와 약 7백 개 기업을 회원으로 보유하고 있다.

파장에 따라 전파가 작용하는 방식에 큰 차이가 있다. 예를 들어 파장이 긴 전파는 일반적으로 아주 먼 거리를 아무런 방해도 받지 않고 이동한다. 한편 파장이 짧은 전파는 잘 구부러지지만 적어도 그 전까지는 일직선으로 이동한다.

그러므로 전파를 어떤 목적으로 사용할지에 따라 특정한 파장의 부동산, 즉 주파수대를 점유해야 한다. 모든 전자기파가 그러하듯 전파도 일련의 물리적 특성에 의해 지배된다. 이는 전파가 적절한 상황에서 구부러지고 튕겨나가며 흡수되고 확산된다는 말이다. 앞으로 전파가 보이는 이러한 현상들을 하나씩 알아 보겠지만 우선은 상호 간섭이 파장에 있어서 어떤 의미인지를 중점적으로 다룰 것이다.

이름에서 알 수 있듯 간섭은 한 가지 파장이 다른 파장과 연관되는 현상을 말한다. 두 파장이 평행할 경우 간섭에 의해 특정한 신호가 증폭될 때도 있지만 이는 드문 일이다. 주로 각기 다른 파장을 지닌 전파 신호들이 겹쳐 전파가 뒤섞이고 그로 인해 움직임이 멈추거나 정보가 손실된다.

보통 전파는 멈출 수 없는 것이라고 여기는데, 단정하기 전에 한 가지 고려해야 할 점이 있다. 전파는 다른 유형의 빛처럼 특정한 물질에 의해 차단될 수 있다. 예를 들어 전파는 금속을 통과하지 못한다. 왜냐고? 금속 원자와 분자는 구성이 촘촘해서 특정한 빛의 파장, 심지어 가장 긴 전파의 파장마저 흡수해 버리기 때문이다. 실제로 금속이 전파를 흡수하는 데 효과적이어서 전파가 방해를 받지 않고 사방으로 퍼지는 데 방해가 된다는 사실이 밝혀졌다.

물의 파장을 관찰하면 간섭을 이해할 수 있다. 수영하고 있는 오리들을 담은 이 사진에서 각기 다른 물의 파장 몇 겹이 서로 겹치는데, 바로 이런 식으로 간섭이 일어나는 것이다.

간섭계법interferometry이라는 기술을 이용하면 간편하게 간섭을 사용할 수 있다. 예를 들어 과학자들은 2014년 캘리포니아 주 나파벨리에서 일어난 대규모 지진 직전과 직후에 수집한 두 가지 데이터를 비교함으로써 지진이 일어나는 동안 지층이 어떻게 움직이는지를 파악할 수 있다(오른쪽 그림 중앙에 고리 모양을 형성하는 부분 참조). 인터페로그램이라 부르는 이러한 이미지들은 연구가들이 지진의 모형을 만들고 이러한 지질학적 사건이 일어나게 된 원인인 단층을 더 잘 이해하는 데 도움을 준다. 또한 여러 대의 망원경에서 수집된 정보를 결합하면 천문학 등 다른 분야에서도 간섭계법을 사용할 수 있다.

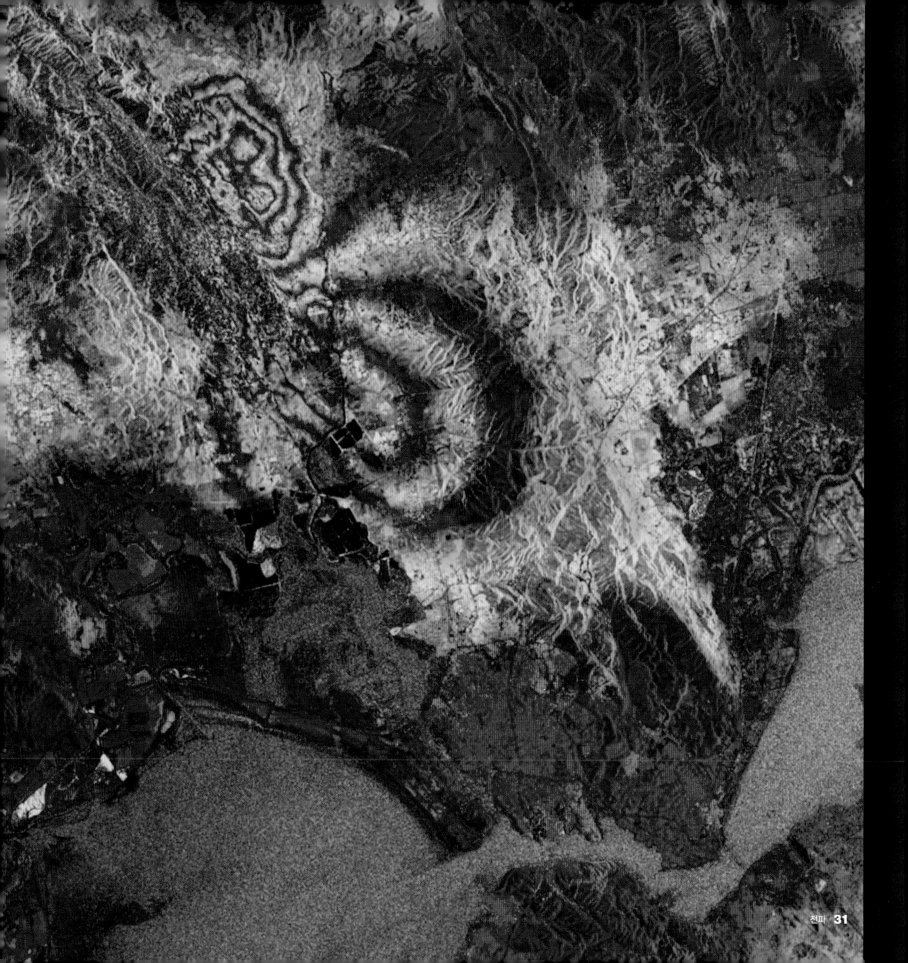

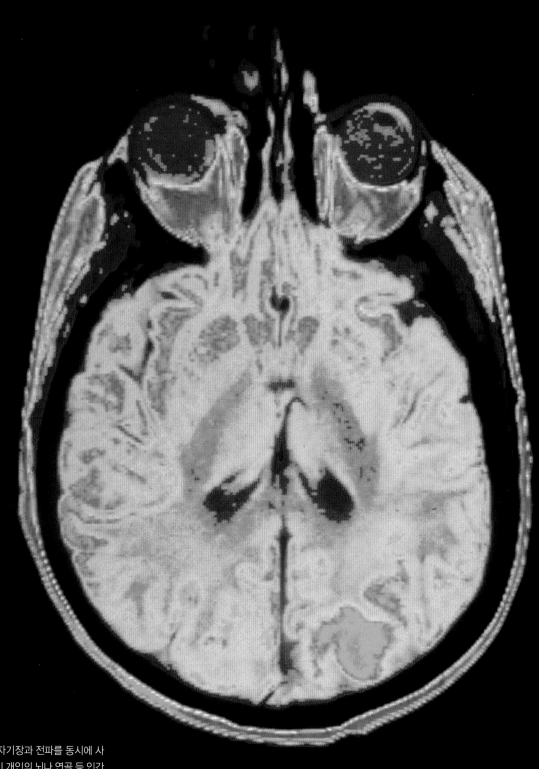

▷ 자기공명영상법은 강력한 자기장과 전파를 동시에 사
용하여 사진에서 보는 바와 같이 개인의 뇌나 연골 등 인간
신체 내부의 단층 촬영 이미지를 통증 없이 만든다.

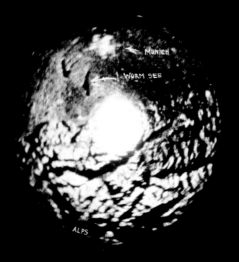

레이더

레이더란 말은 실제로 전파 탐지 및 거리 측정의 머리글자를 딴 단어다. 전파 감지와 내비게이션은 제2차 세계대전 중 필수적인 기술이 되었다. 레이더는 전파를 간헐적으로 보낸 뒤 얼마나 빨리 반사돼서 돌아오는지를 측정함으로써 눈에 보이지 않거나 멀리 떨어진, 또는 두 가지 경우 모두에 해당되는 물체의 위치에 대한 핵심적인 정보를 제공한다. 레이더가 이러한 반사파를 이용한 측정 방식에 전파를 사용한다는 사실에 주목하라. 물론 이러한 측정 방식에서 음파를 사용할 수도 있다. 이것이 바로 '소나sonar'다. 처음 군사 작전에 사용된 레이더 시스템은 1930년대 후반, 영국에 의해 설치되었다. 레이더의 토대는 독일 발명가 크리스티안 휠스마이어Christian Hülsmeyer, 스코틀랜드 물리학자 로버트 왓슨-와트Robert Watson-Watt 경, 그리고 미국 해양 조사 실험연구소 연구원들 등 다양한 과학자들에 의해 20세기 초반 조성되었다. 레이더가 사용되기 전, 비행기 조종사들은 기상 조건이 최상이고 시야를 확보할 수 있을 정도로 빛이 충분할 때에만 비행해야 했다. 그러다 제2차 세계대전 당시 전투기에 사용된 초기 레이더 시스템이 개발된 덕분에 조종사들은 빛이 부족하고 날씨가 좋지 않을 때도 비행할 수 있게 되었다.

◁ 제2차 세계대전 중 독일의 뮌헨 주변을 촬영한 이 레이더 이미지에서 도시와 호수를 구분할 수 있다. 하지만 산맥과 같은 특정한 유형의 지형은 쉽게 구분할 수 없다. 이 초보적인 레이더 테크놀로지로는 마을 등 많은 구조를 전혀 보여 주지 못했다.

△ 20세기 냉전 시대 동안 양 진영의 과학자들은 레이더에 탐지되지 않는 군용기의 형태와 재질을 찾기 위해 노력했다. 탐지되지 않았던 이유는 이렇다. 거울을 바로 세운 채 당신의 모습을 비춰 보면 빛이 반사되어 자신의 모습을 볼 수 있지만, 거울을 기울이면 자신의 모습이 아닌 방 안의 다른 물건을 볼 수 있다. 같은 이치로 미 공군의 전략 폭격기 B-2는 납작하고 각진 모양을 하고 있어 레이더에 감지되지 않았다. 또한 B-2 같은 비행기는 전파 흡수 능력이 뛰어난 재질로 만들어진 덕에 전파가 비행기에 반사되어 수신기로 돌아가지 않으므로 레이더 화면에 나타나지 않았던 것이다.

스펙트럼을 확장하다
빛의 속도

시속 161킬로미터로 달리는 자동차라고 하면 엄청나게 빠른 속도처럼 느껴지지만 빛이 얼마나 빨리 이동하는지와 비교하면 그리 빠른 속도는 아니다. 이 그림은 야간에 고속도로를 달리는 자동차의 헤드라이트들을 포착한 것이다. 조리개 노출 시간을 30초로 하여 여덟 장의 사진을 촬영한 뒤 이를 연결하면 자동차 헤드라이트로부터 빛의 열을 볼 수 있다.

공상과학 소설 줄거리에는 '초고속'으로 항해할 수 있는 우주선이나 웜홀을 통과해서 이동할 수 있는 사람들이 자주 등장한다. 작가들은 실제 우주에서 절대적인 장벽을 극복하기 위해 이러한 메커니즘을 창조한다. 그 장벽은 바로 빛의 속도다. 현실적으로 인간의 물리학적 지식에 따르면 세상에서 속도가 가장 빠른 것은 빛이고, 이 사실은 모든 형태의 빛에 적용된다. 즉 전파부터 감마선까지, 모든 유형의 빛은 이 경이로운 속도로 이동한다.

과학에 있어서 빛의 속도는 매우 기본적인 것이어서 과학자들은 'c'라는 고유 명칭까지 부여했다. 그 유명한 아인슈타인의 등식 $E=mc^2$을 통해 빛의 속도를 칭하는 용어인 c를 많이 보았을 것이다(이 등식에서 E는 에너지, m은 질량이다). 실제 빛의 최고 속도는 얼마나 될까? 빛의 속도란 초당 2억9,979만 2,458미터의 빠르기를 말한다. 우리가 친숙한 단위로 환산하면 빛은 시속 약 10억 8천만 킬로미터의 속도로 이동하는 것이다. 이것이 얼마나 빠른 속도인지 실감하려면 이렇게 생각하면 된다. 빛의 속도로 이동할 경우 당신은 단 1초에 지구를 일곱 바퀴 반 돌 수 있다.

빛은 이렇듯 놀라운 속도로 번쩍인다. 움직임을 멈출 때까지 말이다. 그러나 진공 상태에서 벗어나 공기나 물처럼 투명한 물질로 들어가면 속도가 줄어든다. 예를 들어 물을 통과하여 이동하는 빛은 최고 속도의 4분의 3밖에 낼 수 없다. 물이라는 매질 안에 존재하는 원자 및 분자들과 충돌하므로 빛이 느려지는 것이다.

다르게 설명할 수도 있다. 빛을 유명한 무용수라고 생각해 보라. 이 무용수가 춤을 추며 사람들로 가득 찬 댄스 플로어를 통과하려 한다. 아무리 그녀가 일정한 속도로 이동하려 해도 그녀의 파트너가 되어 춤을 추고 싶어 하는 사람들이 줄지어 있다면 이는 불가능한 일이다. 수많은 파트너들이 그녀의 길을 방해할 것이기 때문이다. 이때 그녀의 발과 몸은 같은 속도로 움직일지 몰라도 댄스 플로어를 가로지르는 그녀의 전진 속도 자체는 느려진다. 이동하는 동안 맞닥뜨린 다른 무용수들이 그녀가 원래 가고자 하던 방향에서 벗어나게 만들기 때문이다. 반대로 댄스 플로어 가운데 사람이 그리 많지 않은 부분에 도착하면 무용수가 움직이는 속도는 빨라질 것이다. 빛도 '다른 무용수', 즉 입자가 없을 때는 최고 속도로 움직일 수 있으며, 이것이 바로 진공 상태.

연구가들은 자유자재로 빛의 속도를 감소시키는 방법을 찾기 위해 노력해 왔다. 1990년대를 시작으로 과학자들은 극도로 밀도가 높고 차가운, 비정상적 상태의 물질을 통과하여 움직일 때 빛에 어떤 일이 일어나는지 관찰했다. 다양한 기술을 사용했지만 과학자들은 빛의 속도를 사람이 조깅하는 속도만큼 늦추는 방법은 아직까지 발견하지 못했다. 하지만 실제로 빛을 완전히 멈추게 했다가 다시 움직이게 하는 데는 성공했다.

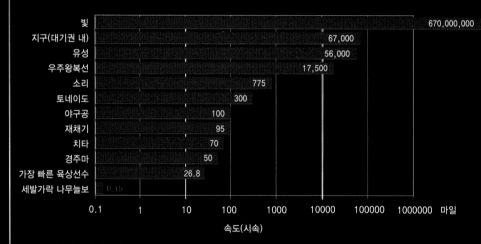

	속도(시속)
빛	670,000,000
지구(대기권 내)	67,000
유성	56,000
우주왕복선	17,500
소리	775
토네이도	300
야구공	100
재채기	95
치타	70
경주마	50
가장 빠른 육상선수	26.8
세발가락 나무늘보	0.15

지구상에 존재하는 것 중 우리에게 친숙한 것의 속도와 빛의 속도를 어떻게 비교할까? 가장 빠른 육상동물 치타가 달리는 속도와 재채기할 때 바람이 뿜어져 나오는 속도, 또는 야구 경기에서 투수가 던지는 공의 속도가 아무리 빠르다 해도 빛의 속도에 근접하지는 못한다. 또한 우주왕복선 같은 우주선도 마찬가지다. 빛의 속도는 초속 29만 9,792킬로미터이며, 이는 다른 비교 대상들을 월등히 압도하는 빠르기다(위의 도표를 보면 우주왕복선이나 치타와 같은 페이지에 빛을 표시하기 위해 10배수를 단위로 삼았다는 사실을 주목하라).

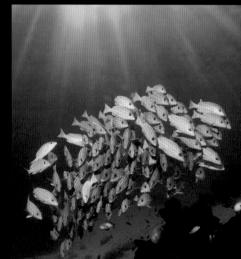

물 같은 매개물을 만나면 빛의 속도는 어떻게 변할까? 느려진다. 그리고 속도가 느려질수록 더 많이 구부러진다. 빛이 공기 중에서 수면 아래로 이동할 때 그 속도는 급격하게 떨어진다. 이 사진은 화려한 색상을 지녔으며 인도양 일부 지역에 서식하는 블루라인 스내퍼 종의 무리를 보여 주고 있다.

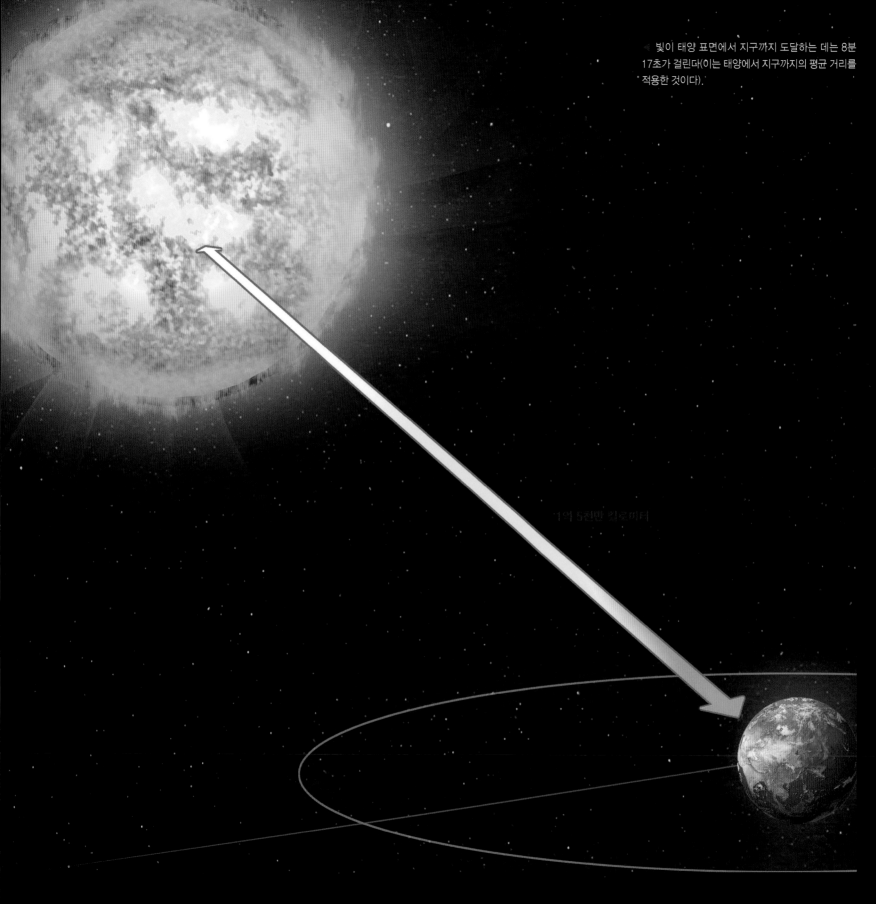

빛이 태양 표면에서 지구까지 도달하는 데는 8분 17초가 걸린다(이는 태양에서 지구까지의 평균 거리를 적용한 것이다).

1억 5천만 킬로미터

우주를 가로질러

천문학자들은 특수한 전파 망원경들을 거대한 안테나 형태로 우주 공간을 향해 설치한다. 전파는 대부분 태양광, 물, 구름을 통과하므로 전파 망원경은 시간과 날씨에 구애받지 않고 작동시킬 수 있다.

각양각색의 우주 물체와 현상으로부터 전파가 발산된다. 거대한 가스와 먼지 구름, 항성, 은하계, 행성, 혜성 등이 전파를 비롯한 빛을 발산한다. 블랙홀 역시 전파를 만들어 낸다. 단, 복사는 물질을 흡수할 때가 아니라 거대한 에너지를 분출하는 형식으로 물질을 블랙홀 밖으로 전송할 때 일어난다. 과학자들과 엔지니어들 또한 지난 몇십 년 동안 우주에 설치된 여러 대의 망원경, 우주선과 교신하기 위해 전파를 사용한다.

나사의 우주선 보이저 1호와 2호는 1977년 발사되었고, 현재 보이저 1호는 지구로부터 190억 킬로미터 떨어진 곳까지 도달했다. 이는 인간이 만든 것 중에서 지구에서 가장 먼 곳까지 간 것이다. 전파가 빛의 속도로 이동함에도 불구하고 보이저 호에서 보낸 전파 신호가 지구까지 당도하는 데는 19시간 이상이 걸린다.

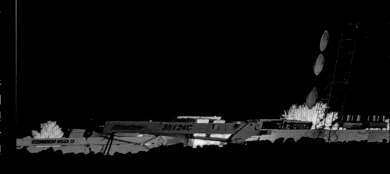

전파가 없다면 심우주통신은 불가능했을 것이다. 나사의 심우주통신망Deep Space Network, DSN은 현재 인간이 보유한 것 중 가장 민감한 통신 시스템이다. 이 통신망은 다중 안테나 기지국으로 구성되며, 지구상 각기 다른 세 곳에 설치되었다. 그 덕에 지구와 지구에서 발사된 여러 우주선들 간에 지속적으로 전파 통신이 가능하다. 역사상 지구에서 가장 먼 곳에 도달했고 여전히 여행 중인 보이저 탐사선 같은 우주선에서 보내는 신호를 듣기 위해 이 기지국들에 설치된 안테나는 정교한 냉각 및 해독 테크놀로지를 갖춘 증폭기를 갖추고 있다. 이 증폭기는 배경 전파 소음 때문에 발생하는 우주선의 '링'과 우리의 태양 같은 물체가 발산하는 다른 전파 데이터를 구분하는 역할을 한다.

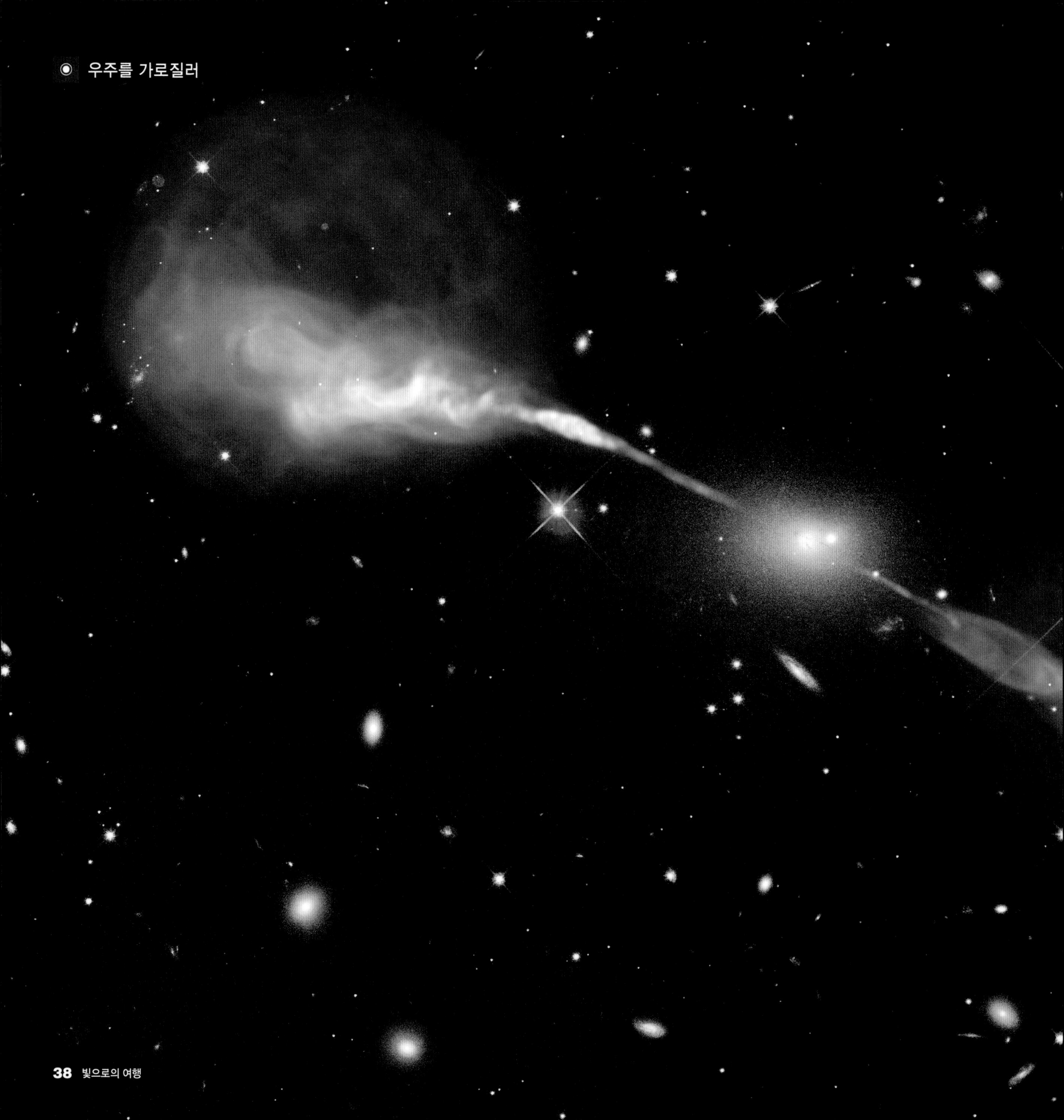

헤라클레스 A Hercules A는 엄청난 양의 전파(분홍색 부분)를 분출하는 은하계이며, 분출되는 부분의 지름이 약 15광년이나 되어 중앙(흰색과 노란색 부분)의 은하가 작게 보일 정도다. 이러한 입자 제트와 자기장은 거의 빛의 속도로 헤라클레스 중앙에 있는 거대한 블랙홀 지역으로부터 뿜어져 나온다. 제트 끝 부분의 부풀어 오른 물결 모양의 구조는 오랜 세월 동안 셀 수 없이 많은 폭발이 일어났다는 증거일 가능성이 있다.

태양계가 속한 우리 은하 중앙에는 전파가 발산되는 곳이 있으며, 이곳은 밝게 빛난다(푸른색으로 표시되어 있으며, 이 그림에서 보라색으로 표시된 부분은 엑스선이다). 전파 망원경으로 이 광원에서 궤도를 공전하는 행성들을 관찰한 덕에 태양계 중앙에 자리 잡은 태양보다 4백만 배 큰 블랙홀이 있다는 증거를 발견할 수 있었다.

△ 많은 은하가 전파를 발산하며 밝게 빛난다. 그중 NGC 4258은 우리 은하에서 2천3백만 광년이나 떨어진 곳에 있지만
우리 은하와 같은 나선형 구조를 지녔다. 하지만 완전히 같은 것은 아니다. NGC 4258은 은하 원반을 가로지르는 비정상
적인 부분이 두 곳 있다. 이는 엑스선(푸른색 부분)과 가시광선(흰색 부분)은 물론 전파(보라색 부분)를 발산하며 빛난다.
또한 이 은하의 먼지 층을 따라 보이는 것은 적외선이다.

② 극초단파

극초단파는 적어도 많은 사람들에게는 음식을 데우는 데 사용하는 가전 제품, 즉 전자레인지로 가장 잘 알려져 있다(전자레인지의 원래 명칭은 마이크로웨이브 오븐이다). 하지만 전자레인지만 극초단파를 사용하는 것은 아니다. 이 빛은 우리의 일상 곳곳에서 찾을 수 있다.

한 눈에 보는 극초단파

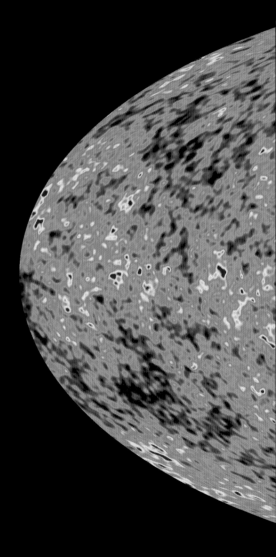

파장(센티미터) : 10∼0.01
규모 : 인간에서 나비
주파수Hz : $3 \times 10^{9} \sim 3 \times 10^{12}$
에너지eV : $10^{-5} \sim 0.01$
지구 표면 당도 여부 : 그렇다(일부)
극초단파를 사용하는 과학적 장비 : 전자레인지, 전자식 거리측량기, 원격 센서, 지구 감시 위성

극초단파 요점 정리

⊙ 전파보다 아주 조금 짧은 파장을 지녔다. 극초단파를 사용하는 기술 중에는 전파와 겹치는 것도 있다.

⊙ 우주 물체 다수를 포함하여 특정 온도를 지닌 물체들은 자연적으로 극초단파를 발산한다.

⊙ 특정한 주파수대의 극초단파는 물, 산소와 같은 분자들과 만났을 때 강한 반응을 일으킨다.

▼ 과학자들은 우주가 생성된 원인이 빅뱅이라고 추측한다. 그리고 빅뱅의 잔해물이 바로 우주 극초단파 배경Cosmic Microwave Background, CMB이다. CMB를 담은 이 그림은 전체 하늘을 투영한 모습을 평면으로 보여 주고 있다. 여기에서는 미세한 온도 차이를 표시하기 위해 각기 다른 색상을 사용했다. 우주 생성 초기에 은하의 형성이 촉발된 것은 이러한 온도차 때문으로 추측된다.

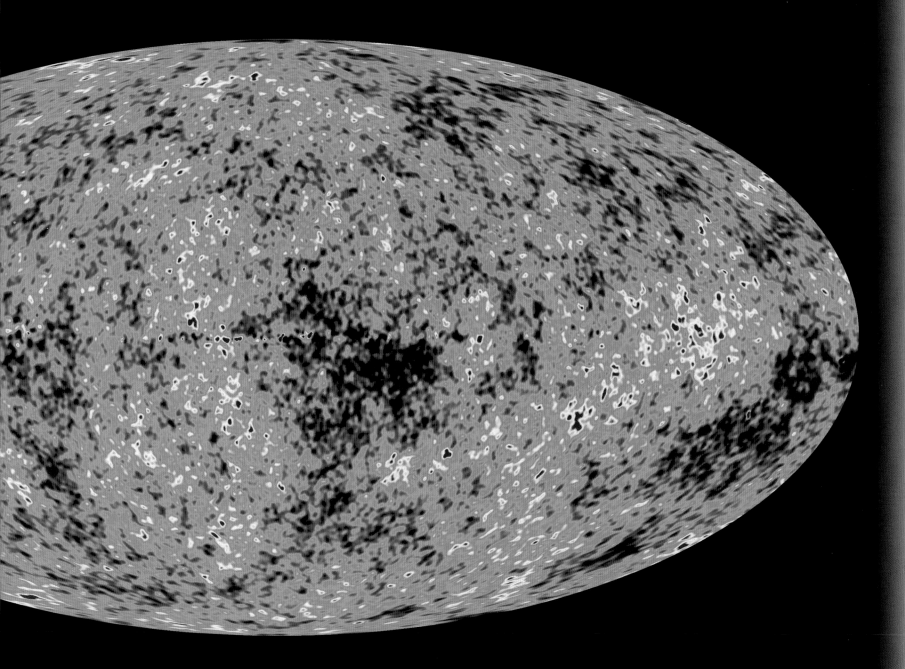

일상 속의 극초단파

시간에 쫓겨 정신없이 출근 준비를 할 때면 당신은 시간을 아끼기 위해 머그잔에 물을 담아 전자레인지로 데운 다음 인스턴트 커피를 부어야 할 수도 있다. 그러면서 TV에서 흘러나오는 일기 예보를 들으며 전자레인지가 '땡' 하고 물이 데워졌다는 신호를 보내기를 기다릴지도 모른다. 극초단파는 강수량과 바람을 탐지하기 위해 폭풍을 감시할 때만 유용한 것은 아니다. 현장에 나가 있는 기상 캐스터가 TV 방송국으로 정보를 전달할 때도 유용하게 쓰인다.

극초단파, 즉 마이크로웨이브에서 '마이크로'란 이 빛의 파장이 주로 라디오 방송에 사용되는 파장에 비해 크기가 작다는 것을 나타낸다. 실제로 과학자들은 전파와 극초단파를 다른 것으로 분류하며, 이는 두 가지 빛에 접근하는 데 전혀 다른 테크놀로지가 필요하기 때문이다. 뒤집어 말하면 극초단파는 파장이 더 길고 사촌 격인 전파와 전혀 다른 일을 할 수 있다. 전파의 경우 연속한 마루 두 개의 거리가 수백 미터까지 달하는 데 반해, 극초단파의 경우 길면 1미터, 짧으면 1밀리미터 사이다.

파장이 짧은 만큼 극초단파는 전파에 비해 폭이 좁은 빔 형태로 쉽게 집중시킬 수 있기 때문에 점 대 점 방식 원격 통신에서 특히 유용하다. 즉 극초단파는 전화 통화를 전송하는 데는 뛰어난 능력을 발휘하지만 광범위한 지역에 TV 프로그램을 방송하는 등 일반적인 방송에서는 신통치 않다. 실제로 광섬유 케이블이 상용화되기 전까지 장거리 전화 통화는 극초단파를 한 기지국에서 다음 기지국으로, 또 다음 기지국으로 전달하는 방식으로 보내졌다.

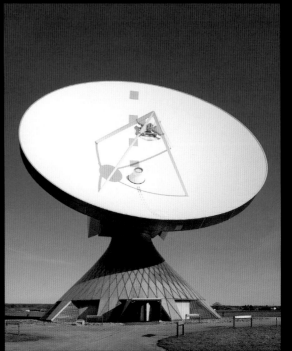

◀ 극초단파는 점 대 점 방식 원격 통신을 위해 포물선 모양의 파라볼라 안테나를 사용하여 좁은 빔 형태로 사용될 수 있다. 사진에 있는 원격 통신 접시는 독일 바이에른 주에 있는 것이며, 이러한 유형의 장치는 파장의 방향을 한 곳으로 모으기 위해 표면이 곡선 형태를 띠고 있다.

현대의 통신

다이얼식 전화는 시대가 변함에 따라 사라졌지만, 극초단파는 여전히 최신 통신과 데이터 기반 테크놀로지에서 중요한 자리를 차지하고 있다. 예를 들어 가정이나 사무실 등 특정 장소에서만 제한적으로 인터넷을 제공하는 근거리 무선 통신망은 데이터 전송에 주로 극초단파를 사용한다. 블루투스 테크놀로지도 마찬가지다. 유럽에서는 에너지가 낮은 영역의 극초단파를 사용하여 휴대전화 통화가 전송되는 경우도 있다. 또한 전파 주파수대는 물론 극초단파까지 사용하는 GPS 장치도 있으므로 당신의 휴대전화가 지금 극초단파를 통해 당신의 위치 정보를 전달하고 있을 수도 있다.

극초단파는 광범위한 지역의 시청자에게 TV 프로그램을 전달하는 수단으로서의 기능은 약하지만 먼 곳에 있는 제작진이 방송국에 신호를 보내는 기능은 뛰어나다. 만약 당신이 사건, 사고 현장에 중계차가 나가 있는 장면을 본 적이 있다면 아마도 길이를 조절할 수 있는 기둥 끝에 달린 커다란 접시형 안테나가 하늘 높이 향해 있는 장면을 목격했을 것이다. 이러한 접시형 안테나들은 중계차의 제작진이 포착한 장면을 극초단파를 이용해 뉴스 방송국으로 전송하는 것이다.

극초단파는 물, 산소 분자와 상호작용을 한다(52쪽 전자레인지 이미지 참조). 그 때문에 극초단파의 파장 일부는 지구 대기 중에 완전히 흡수된다. 하지만 전파와 인접한 주파수대의 극초단파는 물과 공기를 통과할 수 있다. 위성 TV 방송국들이 극초단파를 이용하여 지구 표면에서 멀리 떨어진 지상의 TV로 당신이 좋아하는 프로그램을 전달할 수 있는 이유가 여기에 있다.

이렇듯 대기를 통과하는 일부 극초단파는 안개, 보슬비, 눈, 구름 등을 통과하는 능력이 뛰어나다. 따라서 과학자들은 우주에서 날씨, 그리고 토양의 습도 같은 지구의 작용을 연구하는 데 극초단파 위성을 사용한다. 전파는 여러 층으로 구성된 지구의 대기권에서 특정한 원자, 분자와 강력한 간섭을 일으킨다. 이 책 후반부에서 살펴보겠지만, 엑스선, 감마선 같은 다른 유형의 빛은 대기 중에서 완전히 흡수되어 전혀 통과하지 못한다. 극초단파는 그 중간에 있다. 즉 대기권 밖에서 지구를 관찰하는 과학자들이 이러한 유형의 정보를 얻기에 가장 적합한 크기를 지니고 있다.

제임스 클러크 맥스웰James Clerk Maxwell

제임스 클러크 맥스웰은 스코틀랜드의 물리학자로 1831년에 태어나 1879년 사망했다. 오늘날 인간이 지니고 있는 테크놀로지의 상당 부분은 그의 빛에 대한 이해와 전자기에 대한 이론이 만들어 낸 것이다. 당시 과학자들은 전기와 자기장이 전혀 별개의 것이라고 생각했지만 맥스웰은 그와 달리 둘 사이의 연관성에 대해 연구했다. 실제로 맥스웰은 전기와 자기장이 연관되었다는 사실을 증명하는 일련의 등식을 제시함으로써 전자기 복사, 즉 빛이 어떻게 작용하는지 이해하는 길을 열었다. 라디오와 텔레비전에서 전자기기와 전기까지, 20세기 물리학 및 물리학 관련 분야는 엄청난 결과를 성취했다. 그리고 아인슈타인을 비롯한 수많은 과학자가 이를 맥스웰과 그가 발견한 등식 덕분이라고 생각한다.

◀ 변화무쌍한 지구의 기후 패턴을 감시하기 위해서는 지구 궤도를 공전하는 인공위성이 여러 대 필요하다. 이 사진은 기상 및 기후 관측 위성의 극적인 발사 장면을 담고 있다. 이 위성은 장기적 지구 기후 연구와 더불어 단기적 기상 예측을 향상시킬 목적으로 미국 북극권 궤도 선회 환경 위성 시스템 준비 프로젝트의 일환으로 발사되었다.

▶ 오른쪽은 에콰도르 안데스 화산대 지역의 지진 활동을 감시하기 위해 극초단파를 사용해 촬영한 레이더 이미지다. 비교적 안정된 지역은 회색으로, 지층이 활발히 움직이는 지역은 선명한 색상으로 표시되었다. 아래의 극초단파 이미지는 여러 줄기로 흐르는 강, 늪, 삼각지(중앙의 갈라진 노란색 부분), 섬(삼각지 안의 보라색 작은 부분), 그리고 아프리카 남서부, 보츠와나와 나미비아에 걸쳐 있는 국립공원(이미지 위쪽의 삼각형 부분)을 보여 준다.

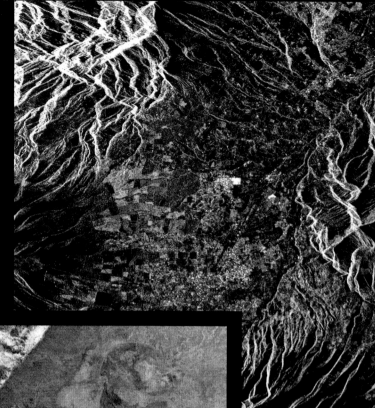

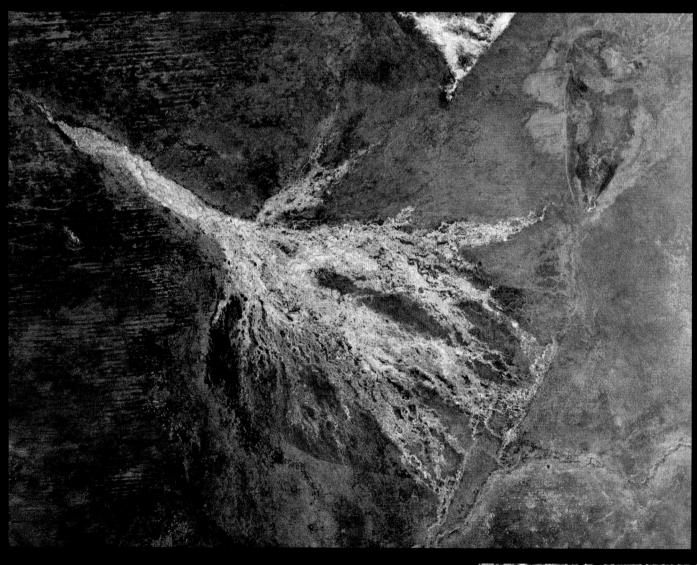

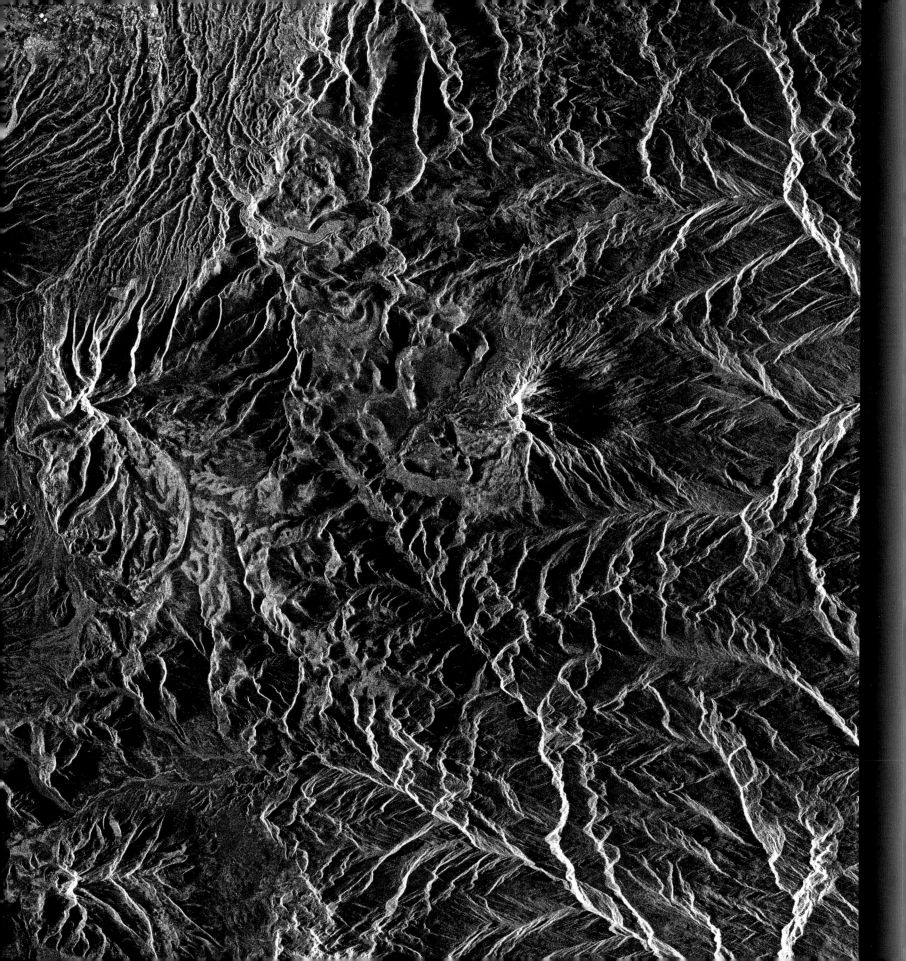

극초단파
이해하기

극초단파는 원격 탐사 분야에 필수적인 수단이며 크게 능동 원격 탐사와 수동 원격 탐사, 두 가지로 분류된다. 먼저 능동 원격 탐사에서는 극초단파 빛의 파동을 보낸 뒤 반사돼서 돌아오는 에너지를 감지하는 장치가 사용된다. 모든 빛은 어떤 물체와 만났을 때 그 물체의 원자 구조와 해당 빛의 파장이 맞지 않을 경우 반사된다. 즉 튕겨 나온다는 말이다. 극초단파도 마찬가지다. 과학자와 공학자들은 이러한 성질을 이용하여 능동 원격 탐사라는 분야를 발전시켜 왔다. 대부분의 사람들은 일기예보에서 사용하는 '도플러 레이더Doppler radar'라는 말을 통해 이러한 개념에 친숙해졌을 것이다. 도플러 레이더 장치는 극초단파 파동을 내보낸 뒤 파동이 어떻게 반사돼서 돌아오는지를 근거로 그 물체가 얼마나 빠르게, 어느 방향으로 움직이는지를 판단한다. 기상 예보의 경우 기상학자들은 도플러 레이더를 사용하여 비구름과 눈구름의 속도와 방향을 알 수 있다.

반면 수동 원격 탐사는 소용돌이치는 허리케인을 향해 파동을 보내는 대신 발산되는 빛을 관찰하는 방식을 취한다. 지구 표면에 존재하는 다양한 물체가 극초단파를 발산한다. 따라서 과학자들은 극초단파를 발산하는 것과 그렇지 않은 것을 이용해 지구에 대한 이해를 증대시킬 수 있다. 예를 들어 구름은 극초단파 복사를 거의 일으키지 않는 반면 해빙은 일으키는데, 과학자들은 지구 해빙의 높이가 장기적으로 어떻게 변하고 있는지를 관찰하는 데 극초단파 수동 원격 탐사를 이용할 수 있다. 또한 고지대에서 극초단파 탐지 장비를 사용하여 폭풍구름 아래에서 데이터를 수집할 수 있다. 그리고 이를 통해 앞으로 비가 어떻게 올 것인지를 밝히고 지상의 사람들에게 더 많은 정보를 제공할 수 있다.

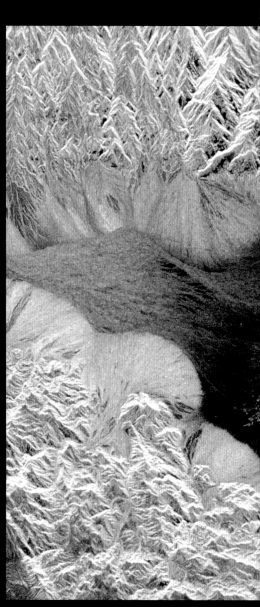

스톰 체이서storm chaser와 토네이도 연구가들은 언제 생명을 잃을지 모르는 벼랑 끝의 삶을 사는 사람들일 것이다. 하지만 이들의 연구는 무자비한 폭풍이 어떻게, 왜 발생하는지를 이해하는 데 핵심적인 역할을 하기도 한다. 이 연구가들은 '도플러 온 휠스Doppler on Wheels, DOW' 같은 휴대용 특수 장비를 사용하는데, 이는 극초단파를 사용해 인근의 폭풍에 대한 데이터를 수집하는 휴대용 기상 레이더다. 이 사진은 2010년 네브래스카 주에서 토네이도를 발생시킬 수 있는 슈퍼 셀 폭풍우를 둘러싼 연구 활동을 담은 것이다.

▲ 풍속과 풍향이 중요한 기상 예보의 경우 극초단파 중 파장이 몇 센티미터에 불과한 단파장을 이용한 도플러 레이더를 사용하지만, 바람을 측정할 필요가 없는 경우는 일반적인 레이더를 사용한다. 연방 기관인 미국 해양대기관리처의 주된 임무는 미국 전역의 기상을 감시하는 것이다. 이 NOAA 도플러 레이더 이미지는 2004년 9월에 발생한 허리케인 프랜시스다. 여기에서 허리케인의 눈이 플로리다를 향해 전진하는 모습을 볼 수 있다.

▶ 이 북극 이미지는 극초단파 데이터를 사용하여 작성된 것이며, 북극 해빙의 양이 최고에 달했던 2014년 3월의 모습을 담고 있다. 최고 해빙 양으로서는 1970년대 관측이 실시된 이후 다섯 번째로 적은 양이다.

▼ 레이더 이미지는 인간이 기상 조건이나 햇빛의 양에 구애받지 않고 명확하게 관찰할 수 있는 데 도움을 준다. 이 극초단파 레이더 이미지는 캘리포니아 데스밸리의 지표면 모습을 담고 있다. 밝은색으로 표시된 지형이 험난한 산악 지역과 어두운 색으로 표시된 완만한 분지를 비교할 수 있다. 이러한 유형의 정보 덕분에 연구가들은 기후 변화와 지진 활동으로 인한 장기적인 변화를 밝혀낼 수 있다.

◀ 이 그림은 토양 수분 능동 및 수동 위성SMAP이 데이터를 수집하는 모습을 묘사하고 있다. SMAP는 2015년, 가뭄 지역에서 혹한 지대까지, 지구 토양 수분의 연구를 목적으로 발사되었다. SMAP에는 능동 탐지 장치와 수동 탐지 장치가 모두 탑재되어 있다. 그중 능동 탐지 장치는 레이더로 신호를 보낸 뒤 지상으로부터 전달된 양을 측정하며, 이를 근거로 분산된 양도 측정할 수 있다. 두 번째 장비인 수동 탐지 장치는 지구가 발산하는 자연 극초단파만을 기록한다.

◀ 원격 탐지는 2003년 캘리포니아 남부 버나디노 산맥에 발생한 화재 데이터를 보여주는 이 사진처럼 삼림 관리에 특히 유용하다. 이 화재 이미지에는 적외선 및 가시광선 정보가 사용되었다. 이처럼 원격 탐지에는 극초단파 외에도 다양한 빛을 이용할 수 있다. 이 이미지에는 온도별로 다른 색상을 사용하여 실제 색상을 담은 이미지보다 많은 정보를 제공한다. 위쪽으로 향하는 선명한 붉은색 선은 활발하게 타고 있는 지역을 의미하는 반면, 어두운 붉은색 부분은 모두 타고 재만 남은 자리를 의미한다.

인간에게 미치는 영향

극초단파가 인간에게 해로운 영향을 미치지는 않을까? 주방에 전자레인지를 갖추고 있는 가정이 많은 만큼 이런 걱정이 드는 건 당연하다. 제2차 세계대전 당시, 극초단파 레이더를 설치하는 과정에 참여한 군인 가운데 일부가 귀에서 '딸깍' 하는 소리나 윙윙대는 소리가 들린다고 보고했다. 시간이 흐른 뒤 연구가들은 내이의 연조직이 팽창하여 이 같은 증상이 있을 수 있다는 결론을 내렸다. 현재 과학자들은 제2차 세계대전에서 레이더 설치에 참여한 병사들처럼 다량의 극초단파에 노출되면 내이에서 음파가 생성되고, 이 때문에 소리가 들린다고 추측한다. 오늘날 이러한 증상은 극초단파 음향 효과, 또는 1960년대 이 문제에 대해 많은 연구를 한 과학자의 이름을 따서 프레이 효과라고 부른다.

실험실 실험을 통해 연구가들은 다량의 극초단파에 노출되면 백내장을 일으킬 수 있다는 사실을 밝혀냈다. 이러한 현상은 극초단파가 안구 렌즈의 특정한 단백질에 열을 가하기 때문에 일어난다. 계란을 익히면 투명에 가깝던 계란 흰자가 불투명하게 변하는 것을 생각해 보라. 각막 렌즈에는 혈관이 없기 때문에 열을 배출할 수 있는 메커니즘이 없고, 그로 인해 열이 가해졌을 때 특히 취약하다. 다행히 전자레인지를 사용한다 해도 우리가 일상에서 접하는 극초단파의 양은 이러한 효과를 일으키기에는 너무나도 적다.

극초단파는 우주에서 지구의 위치를 이해하는 방식에도 영향을 준다. 인간이 지금까지 감지한 것 중 가장 오래 된 빛은 빅뱅의 잔광이다. 그리고 이는 극초단파의 형태를 띠고 있다. 이를 우주 극초단파 배경이라 부른다. 우주 극초단파 배경의 존재를 발견하고 이러한 극초단파가 무엇을 의미하는지, 즉 빅뱅의 잔광이라는 사실을 밝혀낸 덕분에 인간은 우주 전체의 나이와 구성에 대해 알게 되었다. 우주 극초단파 배경의 이미지는 62쪽에서 볼 수 있다.

▲ 눈은 극초단파 복사에 취약하다. 그 때문에 극초단파에 노출될 경우 '과열'로 인해 백내장이 일어날 수 있다. 이 사진은 백내장을 앓고 있는 검은 고양이의 눈을 촬영한 것이다. 여기에서는 렌즈가 점점 불투명해져 시야가 뿌옇게 변한 모습을 확인할 수 있다.

전자레인지

전자레인지의 바탕이 되는 기술은 마그네트론magnetron이다. 마그네트론이란 고주파수 전파를 생성하는 전기진공관이다. 1945년, 레이시언Raytheon 사의 엔지니어 퍼시 스펜서Percy Spencer는 레이더를 연구하던 중 어느 날 마그네트론 앞에서 걸음을 멈췄다. 그의 주머니에 있던 초콜릿 바가 금세 녹았기 때문이다. 호기심이 생긴 스펜서는 튀기지 않은 팝콘 알갱이와 날달걀을 마그네트론 앞에 놓았고 두 가지 모두 순식간에 익는 것을 목격했다. 하지만 마그네트론 제조 비용이 저렴해져 전자레인지가 대량 판매될 수 있었던 건 1970년대에 이르러서였다.

전자레인지는 특정한 파장의 빛을 사용해 물 분자를 교란시킨다. 물 분자들이 서로 더 많이 부딪칠수록 물을 구성하는 원자들이 더 많이 진동하고 물 주변의 음식에 열이 가해진다. 음식의 가장자리부터 익기 시작하여 가운데까지 열이 전달되는 기존의 가열 방식과 달리, 이러한 과정은 음식 전체에 동시에 일어난다. 그리고 이 때문에 대체로 전자레인지를 사용하여 조리를 하거나 음식을 데울 때 훨씬 적은 시간이 든다.

▲ 공동자전관의 단면

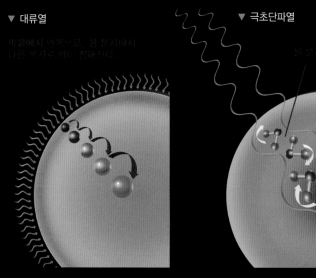

▼ 대류열

▼ 극초단파열

▲ 음식에는 대부분 수분이 함유되어 있으므로 전자레인지를 사용하면 매우 효율적으로 가열할 수 있다. 권장할 만한 일은 아니지만 전자레인지 안에 앉아 있거나 전자레인지의 에너지 빔 앞에 있지 않는 한 우리는 열기를 느끼지 않을 것이다.

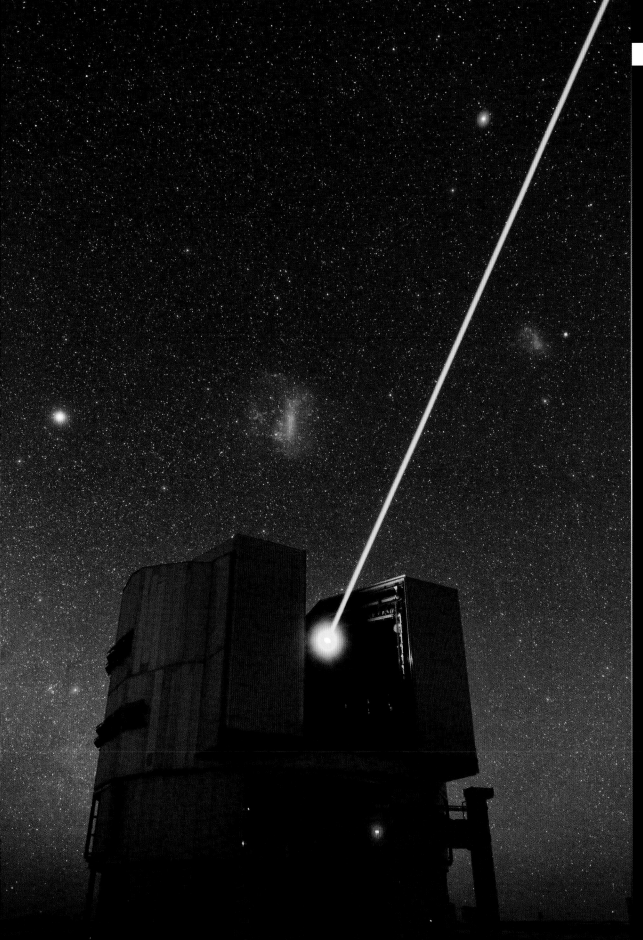

메이저에서 레이저까지

레이저를 모르는 사람은 없을 것이다. 또한 레이저는 바코드를 읽는 일부터 외과 수술까지 우리 사회 곳곳에서 사용된다. 하지만 사실 레이저의 조상은 잘 알려져 있지 않다. 바로 '메이저Maser'다. 메이저는 자극을 주어 복사 에너지를 방사시키고, 이를 통해 극초단파를 증폭하는 일을 의미한다. '레이저'라는 용어 역시 머리글자를 제외하고 거의 같은 것을 말한다. 극초단파를 말하는 마이크로웨이브 대신 빛을 의미하는 라이트로 대체된 것뿐이다.

그러므로 메이저와 레이저는 똑같이 빛을 생성하고 증폭하는 일을 한다. 원자에 에너지가 공급되면 그 원자의 전자는 상위 궤도로 이동한다. 하지만 결국에는 에너지가 소멸되고 전자는 원래 있던 궤도로 돌아온다. 그렇게 원래 궤도로 돌아올 때 광자, 즉 빛의 입자를 발산한다. 레이저와 메이저 모두 이렇게 사방으로 재방사되는 광자를 한 방향, 즉 특정한 파장으로 이끌어 신호가 증폭되게 만든다. 극초단파 레이저, 즉 메이저는 1950년대 처음 개발되었다. 그로부터 한참 지난 뒤 가시광선을 이용하는 더 많은 응용 방법이 발견되었고, 그 때문에 메이저의 'm' 대신 레이저의 'l'을 사용하여 현재 일반명사가 되었다.

◀ 레이저는 원자가 광자, 즉 빛의 다발을 발산하는 방식을 통제한다. 천체물리학자들은 하늘로 레이저를 쏘아 올려 지구 대기권에 의해 발생하는 진동 효과를 측정한 뒤 보완할 수 있다. 보정 광학이라 불리는 이러한 기술 덕분에 과학자들은 멀리 떨어진 천체 물체의 명확한 이미지를 포착할 수 있다.

빛의 유출

인공적으로 여러 가지 빛을 만들어 내는 능력 덕분에 인류는 많은 혜택을 누려왔다. 하지만 그와 동시에 부정적인 결과도 만들어 냈다. 예를 들어 지난 1백여 년 동안 인간이 밤하늘에 무슨 짓을 했는지 생각해 보라. 그 이전 세대는 밤이면 밖으로 나가 맑은 하늘을 올려다 보며 수백, 아니 수천 개의 별은 물론 사는 지역에 따라 은하수의 잔재까지 볼 수 있었다.

하지만 현대인들은 대부분 그러한 행운을 누리지 못한다. 밤에 우주에서 촬영한 지구의 한쪽 모습을 보면 그 이유를 알 수 있다. 어둠에 휩싸여 있어야 하는 반구가 도시와 그 주변 지역에서 수많은 조명이 모인 탓에 반짝인다. 그리고 도시에서 떨어진 곳도 점점 변해가는 추세다.

'빛 공해light pollution'라는 용어는 과도한 빛 때문에 생태계가 교란되고 인간이 밤하늘을 볼 수 없게 되는 일을 말한다. 현재 전 세계 많은 사람이 빛 공해와 관련한 문제를 알리기 위해 노력하고 있으며, 여기에는 현 세대는 물론 미래의 세대를 위해 밤하늘을 최대한 어둡게 유지하기 위한 노력도 포함된다.

하지만 지금까지 인간이 우주로 보낸 빛은 가시광선만이 아니다. 지구에서 생성된 모든 전자기파는 지구 대기권을 통과하고 나면 우주로 여행을 시작할 것이다. 우주는 궁극적으로 진공 상태이므로 이렇게 새나간 빛은 흡수되거나 반사될 때까지 계속 여행할 것이다. 텔레비전과 라디오 방송이 시작된 때를 생각해 보면, 당시 프로그램은 처음 방송된 이후로 우주 공간을 여행하고 있는 것이나 마찬가지다. 전파, 즉 라디오파는 빛의 속도로 이동하므로 이는 지구로부터 반경 몇백 광년 떨어진 곳까지 인류의 문명이 도달했다는 의미다. 그 거리가 965조 6,064억 킬로미터에 달하긴 하지만 인간이 거의 최초로 보낸 이 신호는 태양계 밖에 존재한다고 알려진 행성 중 극히 일부에만 도착했다.

▲ 조명에 방해 받지 않고 밤하늘을 감상할 수 있는 곳이 아직까지 세계 곳곳에 존재한다. 하지만 도시와 그 주변 지역, 심지어 시골까지 인공 조명과 산업 발전 때문에 멀리 떨어진 우주 물체가 보내는 빛을 볼 수 없게 되었다. 또한 이는 밤에 길을 찾아가는 새와 지평선의 빛에 이끌려 뭍으로 나와 산란을 하는 바다거북 등 야생동물에게도 해롭다. 그리고 야생의 생물과 인간의 생물학적 주기의 자연적인 리듬을 깨뜨릴 수 있다.

▶ 가로등에서 자동차의 전조등과 건물의 네온사인까지, 도시가 빛을 만들어 낼 수 있는 방법은 다양하다. 이 이미지는 국제 우주정거장에서 우주인들이 유타 주 솔트레이크시티를 촬영한 것이다. 여기에서 보이는 것처럼 여러 가지 의미에서 빛은 인간의 현대 도시 문명을 대변한다. 영리하고 효율적인 조명으로 교체한다면 빛 공해를 전반적으로 줄이는 데 도움이 될 수 있다.

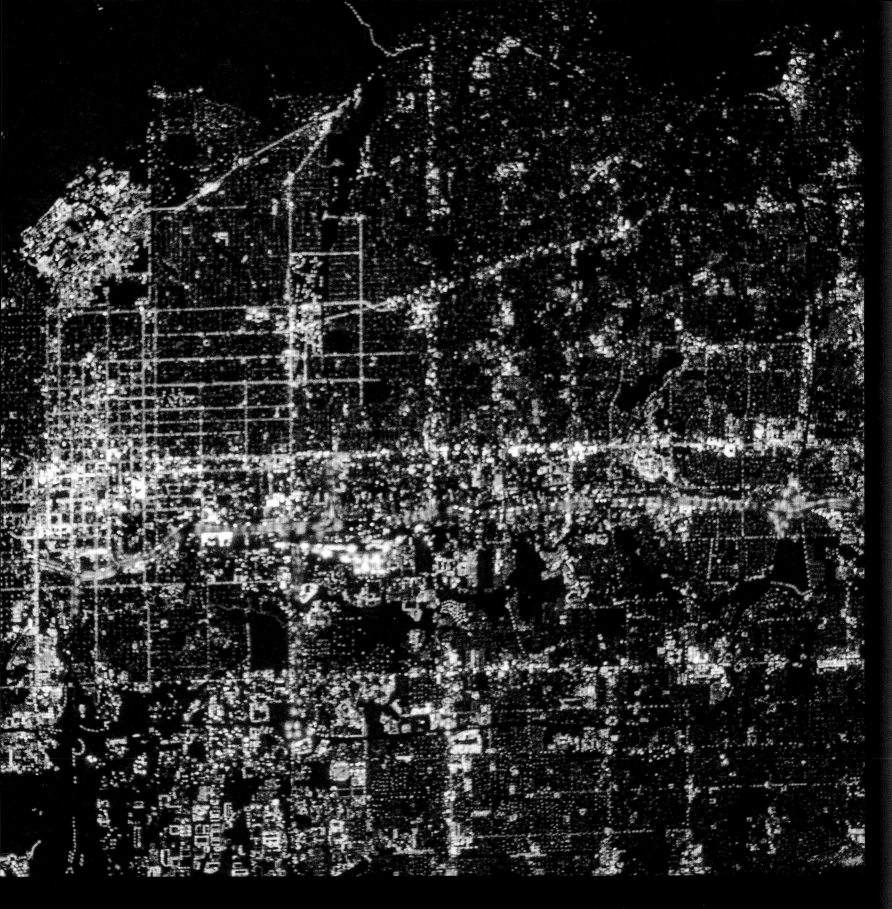

우주를 가로질러

현대 천문학에서 수많은 주요 질문을 언급하는 데 극초단파가 사용된다. 또한 태양을 포함한 우주의 많은 물체는 극초단파 같은 빛을 복사한다. 극초단파로 인해 만들어진 결과물 중 가장 잘 알려진 것은 분명 앞서 언급한 우주 극초단파 배경이다. 하지만 이것만이 아니다. 천문학자들은 우주에서 극초단파를 감지할 수 있는 더 크고 성능이 뛰어난 설비를 계속해서 만들고 있다. 여기에는 칠레, 하와이, 애리조나에 설치된 개별 망원경과 서로 연결된 망원경 군이 포함된다. 우주에서 극초단파만을 감지하도록 설계된 망원경은, 천문학자들이 은하수의 신비로운 '은하 아지랑이' 지도를 만들고 우주 전역의 콜드 가스 구름의 존재를 밝혀주는 일산화탄소를 추적하는 데 도움을 주었다.

◀ 지구가 속한 것과 같은 태양계가 형성 과정에 있을 때는 어떤 모습일까? 알마 전파 망원경으로 촬영한 이 웅장한 이미지는 태어난 지 1백만 년 밖에 안 된 어린 별과 그 주변의 원시 행성계 원반의 모습을 상세하게 담고 있다. HL 타우HL Tau라 불리는 이 별과 원반 시스템은 지구로부터 약 450광년 떨어진 곳에 위치하고 있다. 이 어린 별은 태양보다 크기가 작지만 별과 원반 사이의 거리는 태양과 지구 사이의 거리보다 90배 멀다.

▶ 금성은 대기권에 매우 두껍고 영구적인 구름층을 갖고 있어 표면을 연구하기 위해서는 레이더가 필요하다. 나사가 작성한 이 극초단파 이미지에 적용된 색은 실제로 금성 지표면에 착륙한 러시아 우주선이 보낸 데이터를 변경한 것이다. 약 여덟 개로 구성된 이 착륙 장치들은 금성의 높은 대기압과 강렬한 열기 때문에 작동이 완전히 멈추기 전까지 수집한 금성 지형 데이터를 잠깐밖에 보내지 못했다.

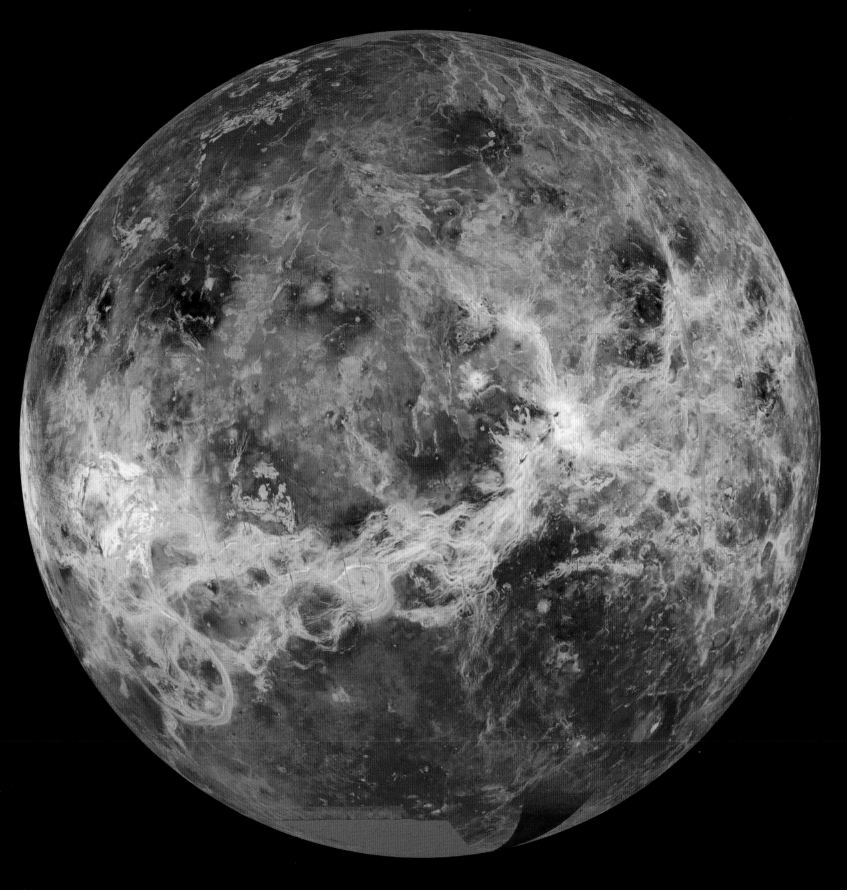

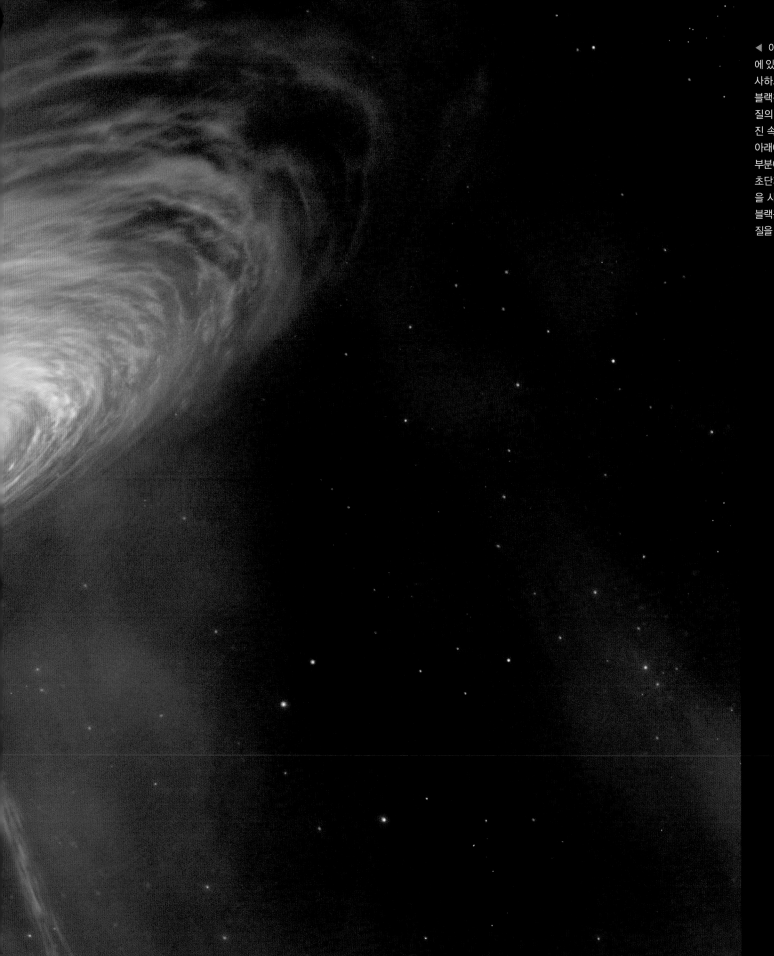

◀ 이 그림은 은하계 중앙에 있는 초대형 블랙홀을 묘사하고 있다. 때로 이러한 블랙홀들은 어마어마한 물질의 제트를 생성한다. 사진 속 블랙홀 중앙의 위와 아래에 얇은 선처럼 보이는 부분이다. 천문학자들은 극초단파를 탐지하는 망원경을 사용해 제트 안은 물론 블랙홀 주변에 존재하는 물질을 추적할 수 있다.

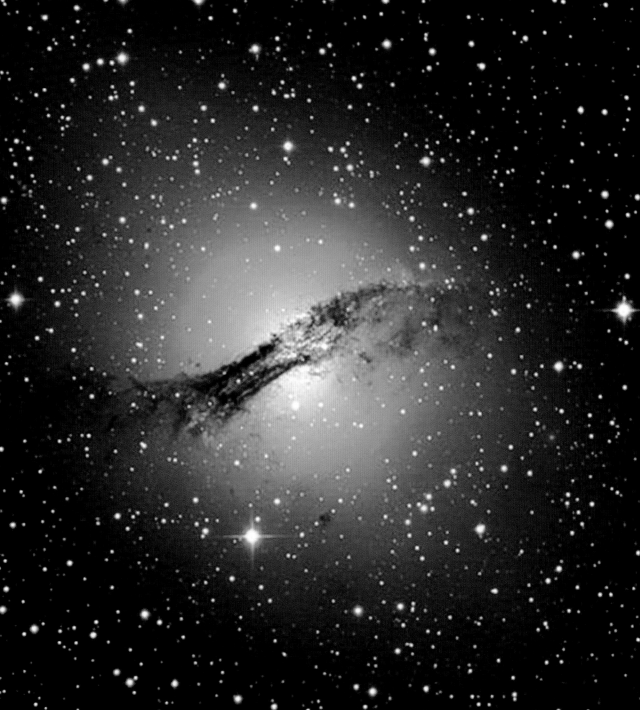

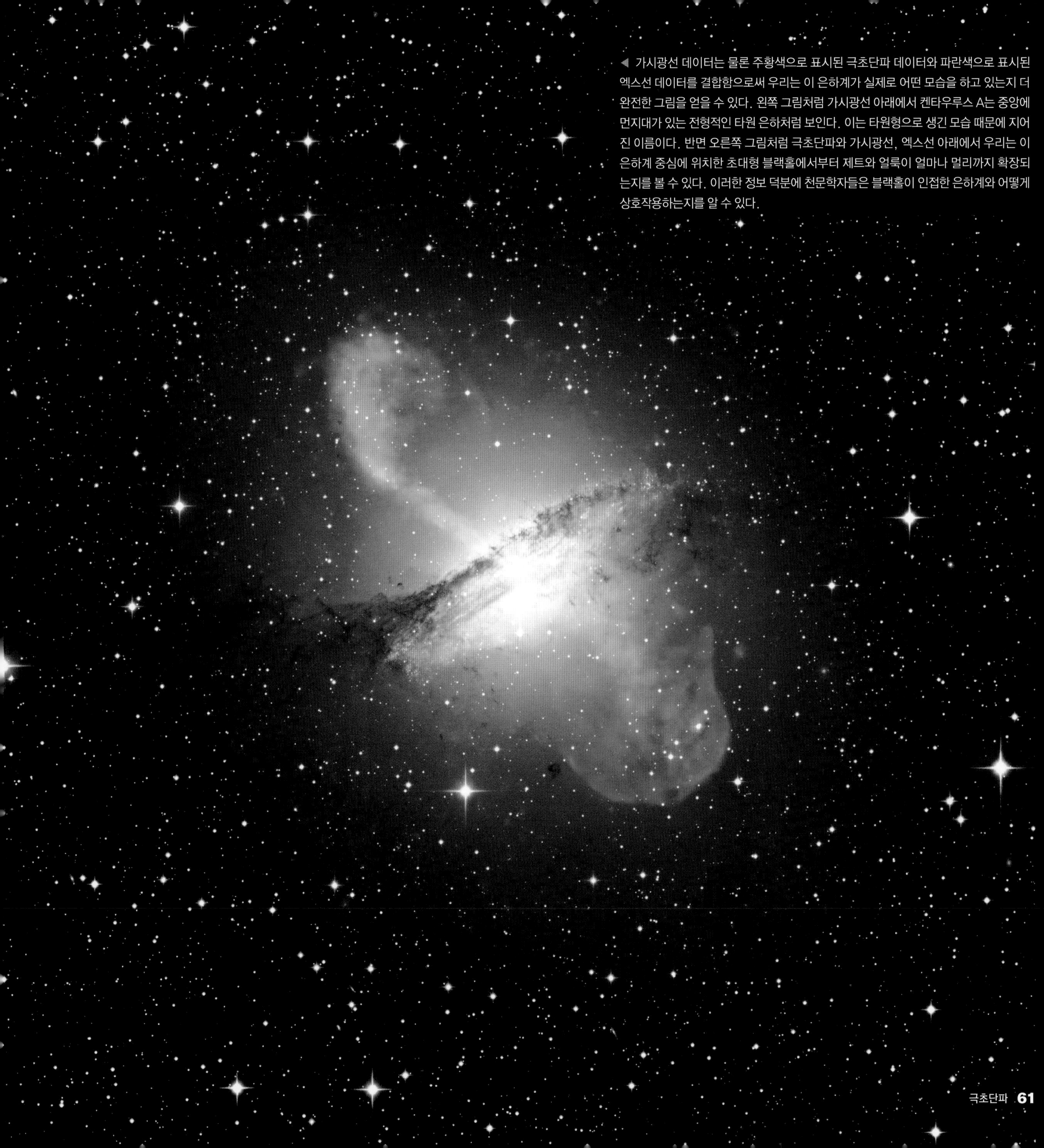

◀ 가시광선 데이터는 물론 주황색으로 표시된 극초단파 데이터와 파란색으로 표시된 엑스선 데이터를 결합함으로써 우리는 이 은하계가 실제로 어떤 모습을 하고 있는지 더 완전한 그림을 얻을 수 있다. 왼쪽 그림처럼 가시광선 아래에서 켄타우루스 A는 중앙에 먼지대가 있는 전형적인 타원 은하처럼 보인다. 이는 타원형으로 생긴 모습 때문에 지어진 이름이다. 반면 오른쪽 그림처럼 극초단파와 가시광선, 엑스선 아래에서 우리는 이 은하계 중심에 위치한 초대형 블랙홀에서부터 제트와 얼룩이 얼마나 멀리까지 확장되는지를 볼 수 있다. 이러한 정보 덕분에 천문학자들은 블랙홀이 인접한 은하계와 어떻게 상호작용하는지를 알 수 있다.

▼ 앞서 설명한 대로 우주 극초단파 배경은 빅뱅이 일어난 뒤 남은 복사다. 1960년대 처음 발견된 이후, 우주 극초단파 배경을 관찰하는 실험은 극소수만이 존재해 왔다. 유럽우주기구ESA의 관측소 플랭크에서 수집한 이 데이터에서 붉은색과 노란색으로 표시된 부분이 우주 극초단파 배경이다. 오른쪽 전경에서 파란색과 보라색은 우리 은하의 먼지 가스 혼합층의 전경을 보여 준다. 지구를 배경으로 그려진 이 그림에서 위에 보이는 ESA의 관측소 플랭크는 2009년 여름 발사되었으며, 약 1년 뒤 첫 번째 전천 조사(우주에서만 이루어지는 조사–옮긴이)를 마쳤다.

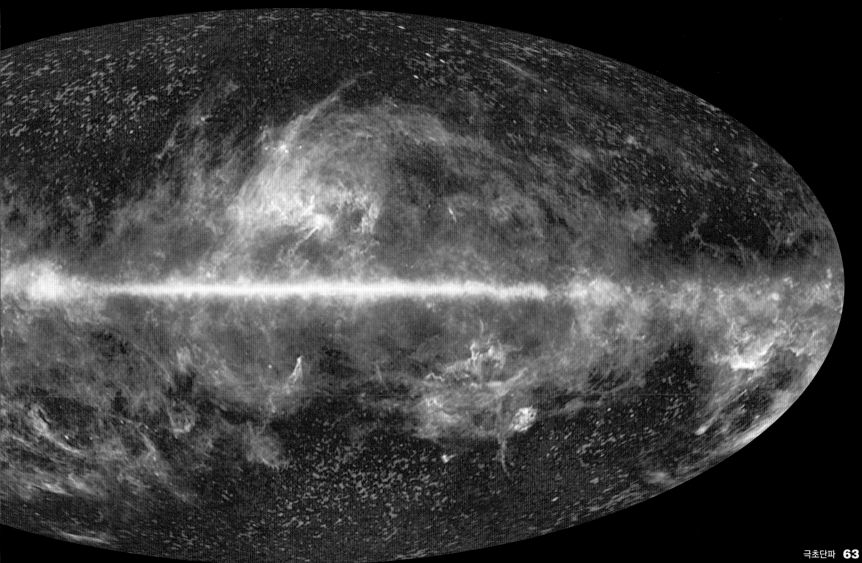

❸
적외선

적외선은 가시광선 스펙트럼의 붉은색 바로 앞에 존재한다. 우리는 대부분 적외선을 불과 햇빛, 난방기, 난로 등에서 얻는 열과 연관시키지만 이는 우리가 생활에서 적외선을 접하는 방법 중 극히 일부에 불과하다.

한 눈에 보는 적외선

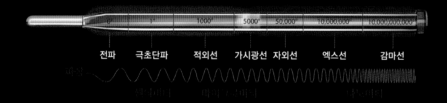

파장(센티미터) : $0.01 \sim 7 \times 10^{-5}$
규모 : 핀 머리에서 현미경으로만 관찰되는 세포
주파수Hz : $3 \times 10^{12} \sim 4.3 \times 10^{14}$
에너지eV : $0.01 \sim 2$
지구 표면 당도 여부 : 대부분 도달하지 못한다.
과학 장비 : 적외선 분광기, 지구 이미지 촬영 위성, 현미경, 의료용 영상기기, 통신

적외선에 대한 요점 정리

⊙ 인간이 최초로 발견한 비가시광선이다. 인간은 적외선을 발견하고서야 붉은색 바로 밖에 인간의 눈으로 감지할 수 없는 빛이 존재한다는 사실을 알았다.
⊙ 파장의 범위가 매우 넓고 하위 범주로 세분화되는 경우가 많다.
⊙ 특정한 파장의 적외선만이 열을 전달한다.

▶ 이 이미지는 모리타니의 사하라 사막을 담은 것이다. 이처럼 지구의 지층 구조 가운데는 특히 적외선 탐지 인공위성이 상공에서 촬영했을 때 더 완전한 모습을 보여 주는 경우도 있다. 이전에는 직경 약 40킬로미터인 사하라 사막이 유성 때문에 발생했다는 가설이 지지를 얻었지만 이제 기상학자들은 용해된 바위가 부풀고 침식되어 오랜 세월 동안 이렇듯 동심원 모양을 형성하여 생겨났다고 생각한다. 이 이미지는 적외선과 가시광선 데이터를 결합한 것이다.

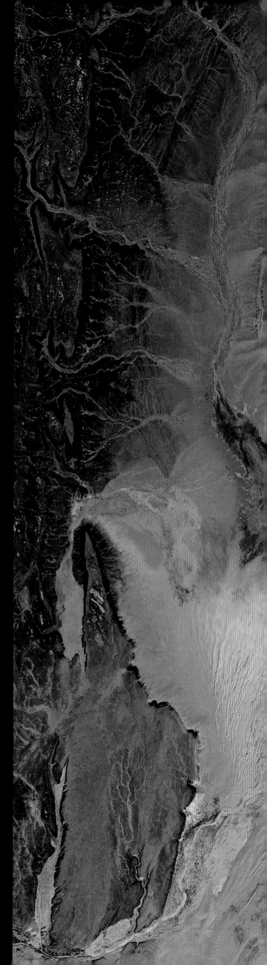

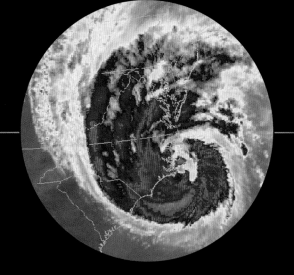

일상 속의 적외선

인간의 과학이란 아직까지 불완전한 학문이다. 수많은 가설과 이론이 제기되었지만 정설은 극히 드물고 정설로 인정받는다 해도 언제든 새로운 증거가 나오면 뒤집힐 수 있다. 하지만 현관문 밖으로 머리를 내밀고 비가 오는지, 날이 추운지 살피던 시절 이후로 기상 관측에서 많은 발전을 이룬 것은 사실이다. 그리고 그 과정에서 적외선이 중요한 역할을 했다. 적외선 탐지 위성은 구름의 형성과 패턴을 감시할 수 있어 기상학자들에 의해 날씨를 예측하는 데 중요한 도구로 사용된다.

19세기 초반, 윌리엄 허셜은 프리즘 실험을 통해 빛의 산란과 적외선을 발견했다. 하지만 그 당시 그가 이 사실이 어떤 결과를 만들어 낼지 상상했을 가능성은 낮다. 인간이 눈으로 볼 수 있는 붉은 빛 바로 너머에 눈에 보이지 않는 빛이 존재한다는 사실을 밝혀냄으로써 허셜은 아직 밝혀지지 않은 빛의 세계가 있다는 사실을 보여 주었다. 그는 자신이 발견한 빛을 적외선이라고 명명했다. 이는 무지개의 붉은색 밖에 있다는 의미다(적외선을 의미하는 infrared는 아래, 뒤를 의미하는 접두어 infra에서 나온 말이다).

우리는 '태양' 하면 태양이 인간 세계에 선사하는 밝은 빛을 연상하지만 실제로 태양이 내뿜는 빛은 절반 이상이 적외선이다. 밝은 빛을 쬐면 따뜻함까지 느낀다는 사실을 생각하면 이는 그다지 놀랄 일도 아니다. 실제로 적외선은 태양으로부터 전달되는 빛이기 때문이다.

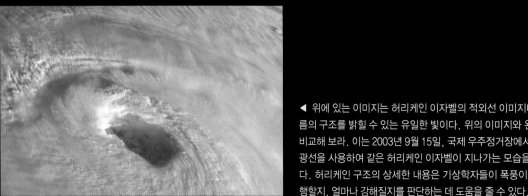

◀ 위에 있는 이미지는 허리케인 이자벨의 적외선 이미지다. 적외선은 구름의 구조를 밝힐 수 있는 유일한 빛이다. 위의 이미지와 왼쪽의 이미지를 비교해 보라. 이는 2003년 9월 15일, 국제 우주정거장에서 우주인이 가시광선을 사용하여 같은 허리케인 이자벨이 지나가는 모습을 촬영한 이미지다. 허리케인 구조의 상세한 내용은 기상학자들이 폭풍이 어떤 경로로 진행할지, 얼마나 강해질지를 판단하는 데 도움을 줄 수 있다.

▲ 허리케인 관측은 짧은 역사에 비해 많은 발전을 이루었다. 정지 궤도 기상 위성이라 불리는 지구 감시 위성들은 지구 상공의 고정된 지점에 머무르며 허리케인이 형성되는 중요한 지역을 지속적으로 관찰한다. 이러한 인공위성에서 사용되는 적외선 탐지 장비는 무엇보다 폭풍의 방향이 어디로 전환되는지, 풍속과 이동 속도는 얼마나 되는지를 관측할 수 있다. 위의 이미지는 2011년 7월 22일, 동시에 네 개의 거대 태풍이 형성되는 모습을 보여 준다.

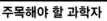
주목해야 할 과학자

윌리엄 허셜William Herschel

독일계 영국인 프레드릭 윌리엄 허셜은 1738년에 태어나 1822년에 사망했다. 그의 여동생 캐롤라인 허셜Caroline Herschel 역시 천문학자였고 여성으로서는 최초로 과학 연구를 직업으로 삼은 인물이라고 알려졌다.

1800년, 윌리엄 허셜은 교향곡을 작곡한 성공한 음악인이자 저명한 천문학자였다. 그의 가장 중요한 업적은 천왕성을 발견한 것이었다. 하지만 그는 19세기 초반 수행한 단순한 실험 덕분에 선각자의 지위에 올랐다.

허셜은 무지개를 구성하는 각 색상이 얼마나 많은 열을 발산하는지 궁금했다. 이를 조사하기 위해 그는 태양빛 앞에 프리즘을 놓았다. 프리즘을 통과한 빛은 무지개 색으로 분광했고 허셜은 온도계를 이용해 각 색상의 온도를 측정했다. 그리고 보라색에서 붉은색으로 갈수록 온도가 올라간다는 사실을 발견했다. 하지만 그의 가장 중요한 발견은 무지개의 붉은 빛 너머, 미지의 영역으로 가면 온도가 상승한다는 사실을 발견한 것이다.

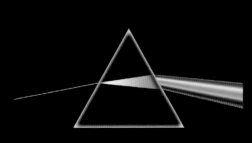

▲ 태양광이 프리즘을 통과하면 분광된다. 즉 연속된 색상들로 퍼지는 것이다. 19세기 초반, 윌리엄 허셜은 인간의 눈으로 볼 수 있는 무지개 색상 외에도 빛이 존재한다는 사실을 발견했다. 인간은 적외선을 볼 수 없지만 적외선 탐지기와 카메라를 사용하여 육안으로 볼 수 있는 이미지로 적외선을 변환할 수 있다.

▲ 인간은 자연스럽게 태양광과 가시광선을 연관시킨다. 하지만 우리의 태양은 다른 빛도 발산하며, 그중 절반 이상이 적외선이다. 이 이미지에서 우리는 지구에서 가장 가까운 항성인 태양의 아름다운 모습을 볼 수 있다. 태양은 지구에 다양한 형태로 빛을 제공한다. 지구에서 석양을 관찰하면 태양의 색, 심지어 모양까지 다르게 보일 때도 있다(산란과 렌즈 효과에 대해서는 제4장에서 자세하게 다룰 것이다).

열을 전달하다

인간만이 태양으로부터 복사되는 적외선을 통해 열을 느끼는 것은 아니다. 지구의 모든 생명체가 그러하다. 얼마나 많은 적외선이 지구에 남고 얼마나 많은 적외선이 우주로 다시 빠져 나가는지는 지구의 기후가 어떻게 작용하는지에 있어서 중요한 요소다. 적외선이 대기권 경계 안에 더 많이 갇힐수록 지구는 뜨거워진다. 수백 년 동안 지구는 자연적으로 대기 안의 원자와 분자의 종류와 양 사이에서 균형을 유지하여 적외선 가운데 일정량을 지구 표면에서 흡수하고 나머지를 우주로 돌려보낼 수 있었다. 하지만 산업화 이후 인간은 더 많은 원자와 분자를 인공적으로 만들어 대기 중에 내보냈다. 이러한 원자와 분자 중에는 적외선을 흡수할 수 있는 것도 있으며, 이는 지구 대기권에 더 많은 열이 갇힌 상태를 만든다는 의미다. 결국 대기층의 구성이 바뀌면 기후 변화가 일어난다.

적외선의 역할은 열을 전달하는 것만이 아니다. 지구 식생의 건강을 감시하는 일부터 단거리 통신과 해양 온도 측정까지, 현대 사회에서 우리는 중요한 목적에 다양하게 적외선을 사용한다.

▲ 기존의 백열등은 실제로 가시광선이 아닌 적외선의 형태로 더 많은 에너지를 발산한다. 그 때문에 에너지 효율이 매우 낮고 한동안 전원을 켜둔 상태에서 만지면 뜨겁다고 느낄 만큼 온도가 상승한다. 이러한 낭비를 없애기 위해 사람들은 작고 경제적인 콤팩트 형광과 발광 다이오드를 개발했다. 이는 가시광선을 발산하는 비율이 높아 조명 도구로써 효율성이 훨씬 높다.

▼ 태양이 발산하는 빛이 모두 지구 표면에 도달하는 것은 아니다. 그중 절반은 지구 대기에 의해 반사되거나 흡수된다. 이 그림에서 볼 수 있듯이 지구 표면에 도달한 빛은 적외선의 형태로 지구 밖을 향해 복사된다(그림 왼쪽 부분의 화살표로 표시되었다). 다시 우주를 향해 튕겨져 나간 열은 지구 대기의 온실가스에 의해 흡수된다. 온실가스란 적외선을 흡수할 수 있는 원자와 분자들을 말한다. 그런 다음 지구 표면을 향해 다시 복사된다(그림 오른쪽 부분의 화살표로 표시되었다).

적외선의 엄청난 범위

적외선에 포함되는 파장의 전체 범위는 엄청나게 넓다. 실제 인간의 눈으로 감지할 수 있는 가시광선을 구성하는 범위보다 천 배 이상 넓다. 범위가 너무나도 넓기 때문에 과학자들은 적외선을 각기 다른 방식으로 세분하게 되었다. '근적외선near-infrared'은 전자기 스펙트럼에서 우리가 볼 수 있는 빛, 즉 가시광선과 가까이 있는 적외선이고 '원적외선far-infrared'은 극초단파와 가까운 적외선이다. 앞서 요점 정리에서 언급했듯이 적외선의 파장은 가장 긴 것이 핀의 머리 크기(원적외선)고 짧은 것은 현미경으로 관찰되는 세포 크기다.

한 가지 주의할 사항은 각 분야마다 고유의 목적을 위해 적외선을 다른 기준으로 잘라 분류하는 만큼 혼동하기 쉽다는 것이다. 예를 들어 천문학자들은 일반적으로 에너지가 낮은 적외선을 근적외선, 에너지가 많은 적외선을 원적외선이라고 부른다. 반면 통신 업계는 일반적으로 적외선을 여러 조각으로 나눠 각기 다른 용어를 사용한다. 혼동을 막기 위해 이 책에서는 근적외선과 원적외선 두 가지 분류법만 사용할 것이다.

▲ 광섬유는 유리나 플라스틱 재질의 선이며 굵기는 머리카락만 하고 구부러질 수 있다. 또한 막대한 양의 데이터를 빛의 형태로 운반할 수 있다. 당신이 다운로드 받는 비디오, 사진, 이메일, 문서 대부분은 광섬유를 통해 이동한다. 또한 인체 내의 내시경 이미지 촬영에도 광섬유를 사용할 수 있다. 아니면 레이저 형태로 만들어 움직이면 인간의 신체 조직이나 강철 등을 절단하는 데 사용할 수 있다. 적외선은 광섬유를 통해 데이터와 기타 정보를 전송하는 데 종종 사용된다.

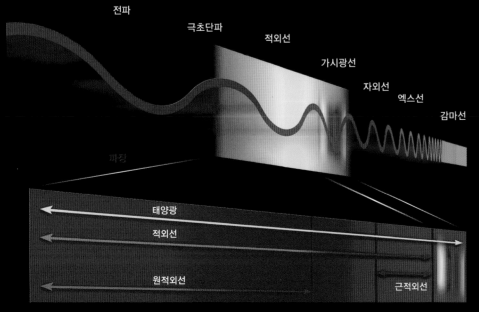

전파
극초단파
적외선
가시광선
자외선
엑스선
감마선
파장

태양광
적외선
원적외선
근적외선

◀ 적외선은 그 범위가 매우 넓으므로 하위 분류로 나누는 것이 바람직하다. 과학자들은 종종 양쪽 끝에 해당하는 파장을 차별화하기 위해 극초단파와 인접한 원적외선과 가시광선 바로 아래에 있는 근적외선으로 나눈다.

사람들은 모든 적외선이 열을 지니고 있다고 생각하지만 근적외선은 이러한 통념에 부합하지 않는다. 실제로 근적외선은 전혀 뜨겁지 않고, 당신이 근적외선에 노출돼도 그 사실조차 느끼지 못할 것이다. 당신의 손을 향해 TV 리모컨의 버튼을 눌러 보면 이를 확인할 수 있다. 리모컨에서 나온 신호가 TV로 보내지지만 당신은 아무런 느낌도 받지 않을 것이다. 당신이 알아차리지 못하는 상태에서 근적외선이 당신의 몸을 통과하는 것이다.

근적외선은 방금 언급한 TV 리모컨 외에도 다양한 테크놀로지에 활용된다. 특히 광섬유와 함께 사용하면 현대 통신 및 데이터 전송에 핵심적인 역할을 한다. 제조사들은 종종 유리섬유로 만들어진 광섬유 케이블을 근적외선과 함께 사용한다. 이는 광섬유 케이블이 신호 손실을 거의 일으키지 않은 채 효율적으로 정보를 전송하기 때문이다. 업체들은 유리 안에서 극히 소량이라도 흡수되거나 전송되는 정보를 방해하는 열을 발생시키지 않는 특정한 주파수대의

적외선을 사용한다.

근적외선의 파장은 지구 대기를 통과하지만 일부는 수증기에 의해 흡수된다. 때문에 대기층을 통과하기 위해서는 특별한 과학적 방법이 사용되어야 한다. 예를 들어 천문학자들은 지구에서 근적외선을 사용해 우주 물체를 연구할 수 있지만 산 정상처럼 고도가 높고 건조한 장소에서 해야 수증기에 흡수된 적외선의 방해를 받지 않을 수 있다. 물론 망원경을 우주 공간에 설치하면 더욱 바람직하다.

지구 대기권에서 빛은 어떻게 흡수되는가

▶ 지구에는 다양한 빛이 지구 표면에 도달하지 못하게 막아주는 보호막이 있다. 지구 대기권을 통과하거나 수증기에 흡수되지 않은 채 지표면에 도달하는 것은 오로지 근적외선, 그 가운데서도 일부에 불과하다. 그러므로 적외선은 대부분 지구 표면에 도달하지 못한다.

지구 모니터링

근적외선은 식생의 건강과 안녕 등 지구에서 일어나는 과학적 현상을 이해하는 데에도 반드시 필요하다. 우리의 눈에 식물이 녹색으로 보이는 것은 식물이 가시광선 스펙트럼 가운데 다른 색은 모두 흡수하고 녹색 부분만 반사하기 때문이다. 또한 식물의 잎은 근적외선도 반사한다. 광합성 과정에서 식물은 엽록소를 생성하기 위해 붉은색과 푸른색 빛을 더 많이 흡수한다. 엽록소가 많은 식물은 적외선도 더 많이 반사하므로 건강한 식물일수록 근적외선 이미지에서 더 밝게 표시된다. 그러므로 우주 공간의 인공위성에서 촬영된 이미지에서 얻은 근적외선 데이터를 분석하면 과학자들은 해당 지역 식생의 전반적인 건강 상태를 평가할 수 있다.

▼ 과학자들은 적외선 탐지 위성 등 지구 궤도를 공전하는 기상 및 기후 연구 위성을 이용하여 날씨를 예측하는 능력을 향상시켜 왔다. 인공위성은 인간이 살고 있는 지구에 대해 더 자세한 그림을 제공하기 위해 장기간 대기 온도, 수증기, 구름, 온실가스를 측정할 수 있다. 예를 들어 적외선으로 촬영한 이 지도에서는 각 지역의 이산화탄소 농도 패턴을 묘사하고 있다. 이산화탄소 농도가 가장 높은 지역은 붉은색으로, 가장 낮은 지역은 푸른색으로 표시되었다.

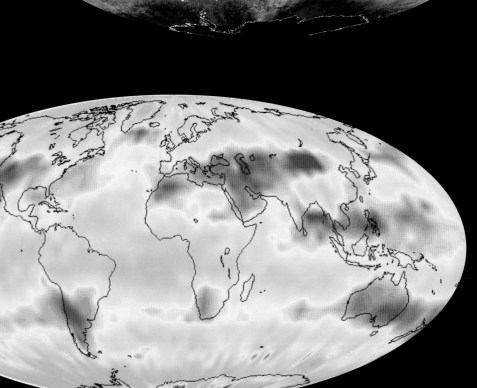

▲ 적외선 탐지 기능을 갖춘 인공위성을 이용하여 지구를 관찰하는 일은 인간이 거주하고 있는 지구의 전반적인 건강을 모니터하는 데 중요하다. 위의 그림 같은 세계 식생 현황이나 왼쪽 위의 그림 같은 지구 기온 등을 모니터하는 것이다. 위의 그림에서 선명한 녹색일수록 토양이 기름진 지역을, 갈색일수록 황폐한 지역을 의미한다. 왼쪽 위의 그림은 적외선 위성 데이터를 사용하여 해발 약 3천 미터 상공의 낮 시간 평균 기온을 지도로 작성한 것이다. 기온이 가장 낮은 지역은 보라색으로, 가장 높은 곳은 주황색으로 표시되었다. 또한 온건한 지역은 노란색과 녹색으로 표시되었다. 남극은 대부분의 지역이 해발 3천 미터가 넘기 때문에 검은색으로 표시되었다.

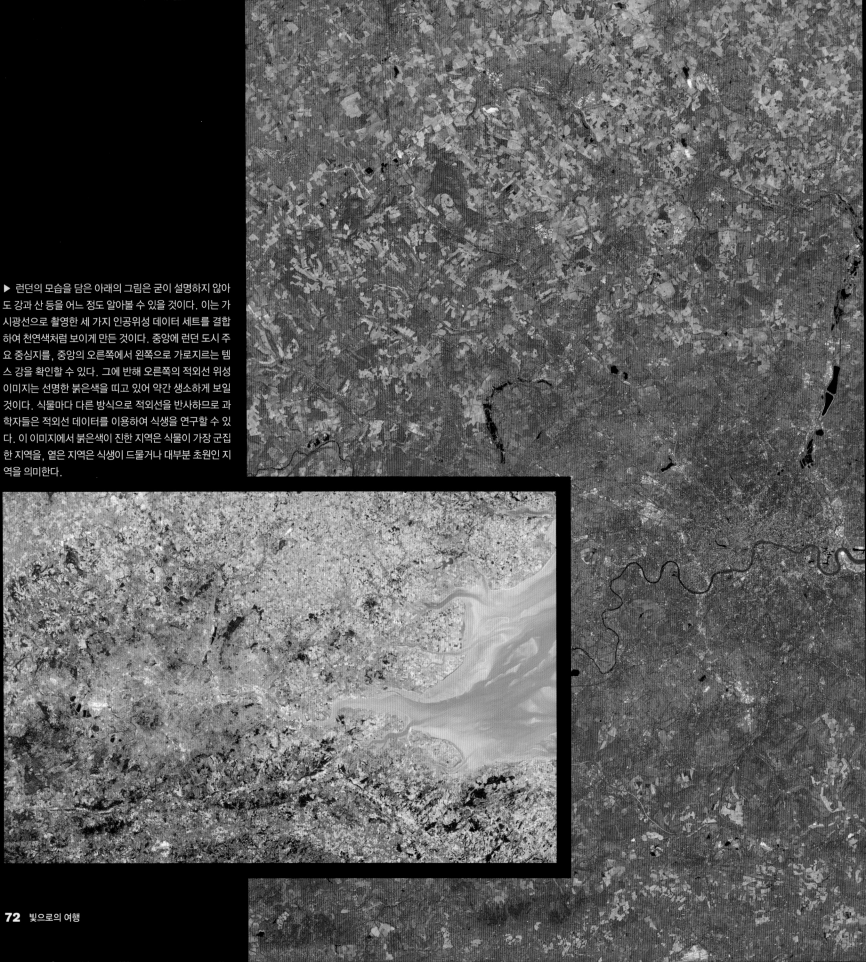

▶ 런던의 모습을 담은 아래의 그림은 굳이 설명하지 않아도 강과 산 등을 어느 정도 알아볼 수 있을 것이다. 이는 가시광선으로 촬영한 세 가지 인공위성 데이터 세트를 결합하여 천연색처럼 보이게 만든 것이다. 중앙에 런던 도시 주요 중심지를, 중앙의 오른쪽에서 왼쪽으로 가로지르는 템스 강을 확인할 수 있다. 그에 반해 오른쪽의 적외선 위성 이미지는 선명한 붉은색을 띠고 있어 약간 생소하게 보일 것이다. 식물마다 다른 방식으로 적외선을 반사하므로 과학자들은 적외선 데이터를 이용하여 식생을 연구할 수 있다. 이 이미지에서 붉은색이 진한 지역은 식물이 가장 군집한 지역을, 옅은 지역은 식생이 드물거나 대부분 초원인 지역을 의미한다.

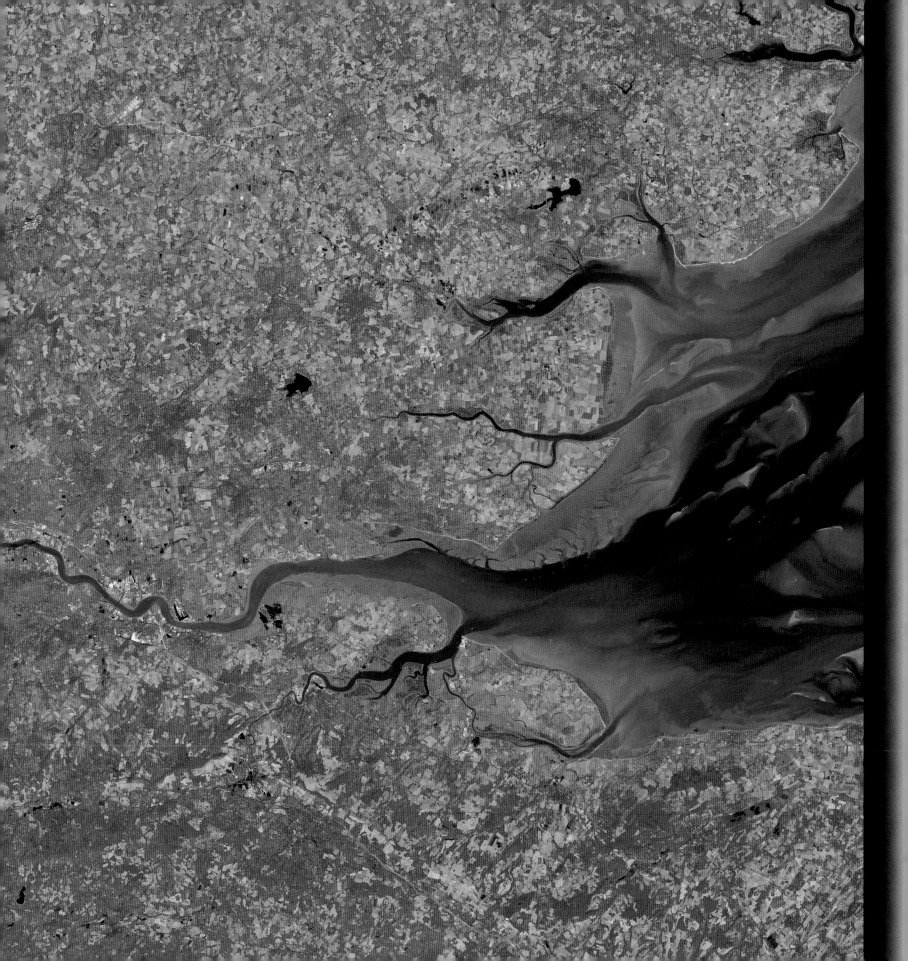

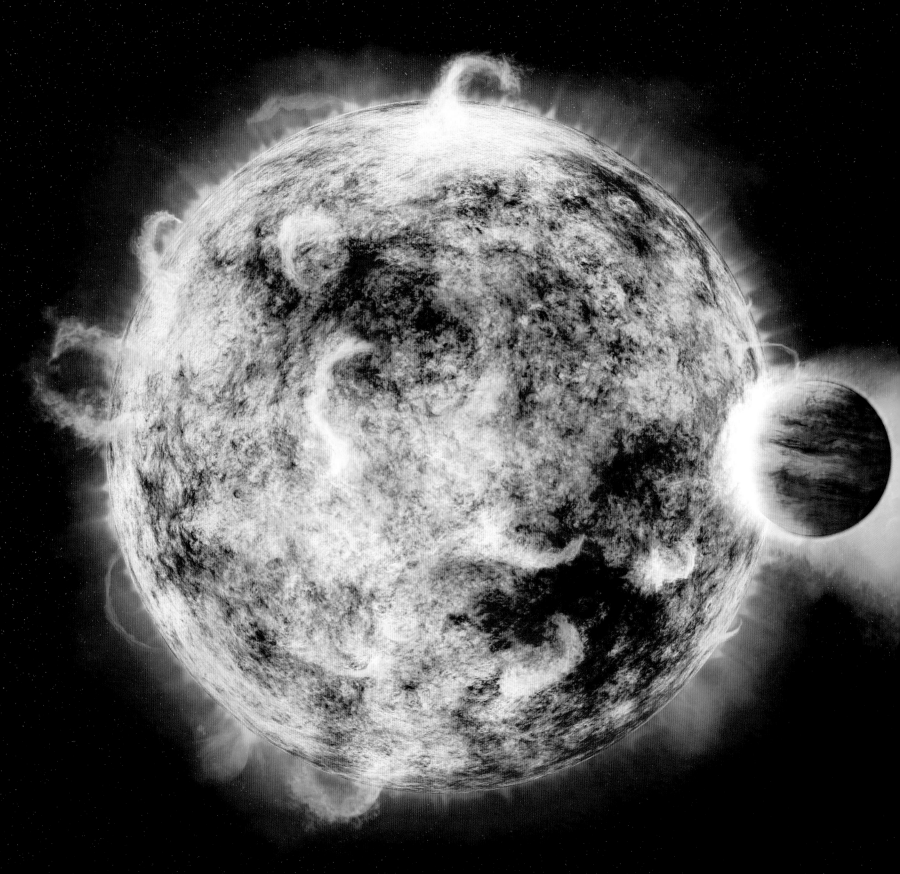

우주 곳곳에 있는 행성

태양계 밖에 존재하는 다른 행성들을 발견한 것은 현대 천문학계, 그리고 모든 과학 분야에서 가장 획기적인 사건 중 하나였다. 인간이 처음 이렇게 멀리 떨어진 세상, 즉 외계 행성을 발견한 지 20년이 지났다. 그 이후 천문학 분야는 사람들을 더욱 매료시켰다. 천문학자들은 조지 루카스가 부러워할 만한 이국적인 구조와 기괴한 특징을 지닌 항성계를 발견하고 있다.

적외선 망원경은 이러한 외계 행성은 물론 그 주변을 공전하는 달과 그 항성계를 통과할 가능성이 있는 혜성의 발견에 유용하다.

또한 과학자들은 이러한 외계 행성의 대기, 심지어 현재 처해 있을 수 있는 기상 조건은 물론, 성장하게 된 환경에 대한 연구에도 적외선을 사용한다. 적외선의 도움을 받아 곧 인기 있는 공상과학 소설에 나오는 이야기가 지극히 현실적인 과학적 사실로 밝혀질 수도 있다.

◀ 우리의 태양계를 벗어나면 우주는 어떤 모습을 하고 있을까? 빛의 속도로 따져도 상당히 먼 곳에 있는 행성의 이미지를 직접 촬영하는 데에는 아직까지 인간의 기술력에 한계가 있지만, 과학자들은 이러한 이국적인 이계, 즉 다른 세상을 그림으로 그릴 수 있을 정도의 정보는 충분히 갖고 있다. 예를 들어 이 그림은 크기가 목성과 비슷하고 부모 행성에서 매우 가까운 궤도를 공전하는 외계 행성을 보여 준다. 천문학자들은 수성이 태양 주변을 공전하는 것보다 가까운 거리에서 자신이 속한 항성 주위를 움직이는 거대한 행성과 이들이 속한 항성계들을 발견했다.

▼ 다른 항성계의 혜성 폭풍은 어떤 모습을 하고 있을까? 이 그림은 스피처 우주 망원경을 통해 발견한 것을 묘사한 것이다. 여기에서 적외선 데이터를 통해 혜성들이 단단한 행성과 충돌한 뒤 산산조각 났다는 사실을 알 수 있다. 이 그림은 거대한 혜성이 행성(밝은 붉은색으로 빛나는 부분)과 충돌했을 때 어떻게 다량의 물질을 우주 공간에 배출하는지, 그와 동시에 충돌한 행성에 새로운 물질을 전달하며 장기간에 걸쳐 어떻게 이 행성을 서서히 파괴하는지를 보여 준다.

원적외선은 어떤 일을 할 수 있는가

같은 적외선이니 근적외선과 다를 바 없을 거라고 생각할지 모르지만 분명 원적외선도 고유의 역할을 한다. 우선 원적외선의 파장은 우리가 열로 경험하는 빛의 주파수대와 비슷하다. 당신이 손을 불 옆으로 가져갔을 때 느끼는 온기는 불꽃에서 발산되는 원적외선에서 나오는 것이다. 실제로 어떤 물체는 가시광선을 복사하지 않으면서도 매우 따뜻한 열을 낼 수 있다. 혹은 복사하더라도 소량만 복사한다. 불꽃을 일으키지 않지만 타는 동안 뜨거운 열을 만드는 숯을 생각하면 이해가 빠를 것이다.

일반적으로 사람의 체온은 약 37℃이므로 인간은 원적외선 스펙트럼에 속하는 적외선을 발산한다. 따라서 적외선 데이터를 사용하여 열화상을 만들 수 있다. 열화상은 어떤 물체와 그 주변의 표면 온도 차이를 측정하여 만들어진다(열화상보다는 이와 비슷한 '야간투시경'이 더 잘 알려져 있지만 두 가지는 다른 것이다. 야간투시경은 어두운 곳에서 흐릿하게 보이는 사람과 물체를 드러내기 위해 화학 및 전자적으로 처리하여 희미한 빛을 증폭시키는 것이다).

단열 시스템의 열 손실 감지부터 인간의 피하 혈류 변화 관찰까지, 열화상은 다양한 용도로 사용된다. 또한 열추적 미사일에 대한 '목표물 탐색'과 감시, 원거리에 있는 비밀 장소의 인간과 장비에 대한 감시 등 군사 및 법 집행 기관용으로 다양하게 응용된다.

최근에는 적외선을 보다 일상적인 용도로 사용할 방법이 개발되었다. 여기에는 날로 인기가 높아지고 있는 적외선 난방기도 포함된다. 현대 장비 대부분이 그러하듯 적외선을 이용한 이러한 장비도 '만능'은 없다. 예를 들어 적외선 히터 중에는 직접 적외선 빛을 뿜어내서 공간으로 온기를 주입하는 것이 있는 반면, 구리 같은 금속을 먼저 데운 다음 팬을 이용해서 따뜻한 공기를 뿜어내는 것도 있다. 또한 이러한 히터들은 전기부터 프로판가스까지 다양한 연료를 사용할 수 있다. 다른 히터들보다 친환경적이고 효율적인 제품도 있지만 그런 것처럼 보이는 제품도 심심치 않게 판매되고 있다. 그러므로 어떻게 제조되었는지를 꼼꼼히 따져봐야 한다.

종합하자면, 의학 연구용에서 소비재까지 적외선의 기능과 응용 분야는 그 파장의 범위만큼이나 다양하고 광범위하다. 윌리엄 허셜이 자신이 발견한 것이 고작 두 세기만에 어떤 결과를 이끌어냈는지 목격한다면 분명 놀랄 것이다.

적외선을 감지하는 동물들

인간과 달리 테크놀로지를 사용하지 않아도 적외선을 볼 수 있는 동물도 있다. 살무사, 비단뱀, 일부 보아뱀, 다양한 보석 딱정벌레, 흔한 흡혈박쥐, 일부 나비, 일부 곤충은 적외선 열을 감지할 수 있다. 잉어, 시클리드 종 등 근적외선을 사용하여 먹이를 잡고 물속에서 갈 길을 찾는 물고기도 있다.

적외선을 감지할 수 있는 동물과 곤충 종들은 그렇지 않은 종에 비해 몇 가지 유리한 점을 가진다. 우선 다리를 들어 먹잇감이 내보내는 적외선을 감지하고 추적하는 종들도 있다. 또한 길 찾기에 적외선 신호를 사용하는 동물과 곤충도 있다. 그리고 적외선을 감지하여 산불을 탐지할 수 있는 것으로 추정되는 딱정벌레 종도 있다. 이들은 산불을 피해 탈출하기 위해서가 아니라 불이 지나간 자리가 산란에 적합한 장소이기 때문에 그런 능력을 갖게 되었다.

◀ 주택의 열화상을 촬영하면 무엇을 알 수 있을까? 여러 가지가 있겠지만 특히 기후가 추운 지역에서 실생활에서 중요한 한 가지 이점은 건물 어디에서 열 손실이 일어나는지를 알아내는 것이다. 이를 바탕으로 에너지 효율을 향상시킬 수 있기 때문이다. 이 그림에서 밝은색(노란색과 흰색)은 온도가 가장 높은 부분, 어두운 색(붉은색과 보라색)은 낮은 부분을 나타낸다.

▶ 적외선은 여러 가지 의학용 영상 기술에 사용될 수 있다. 이 그림에서 보이는 것은 근적외선으로 촬영한 생쥐의 종양과 '폴리머좀'이다. 폴리머좀은 내수성을 지닌 미세 기포로 여러 가지 복합물을 조직에 전달할 수 있다. 인체를 비롯한 살아 있는 조직에 있는 고밀도 종양 조직은 고해상도 이미지를 촬영하기 힘들지만, 이제 이러한 기술 덕분에 비침해적 방법으로 이미지를 촬영할 수 있다.

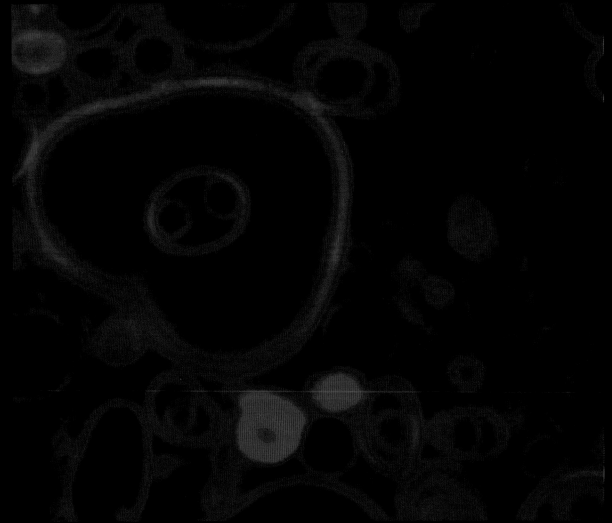

◀ 포유류는 동물계 중에서 시감도가 그다지 넓은 편이 아니다. 반면 꿀벌, 말벌, 잠자리, 나비 등 곤충은 특히 시감도가 넓다. 예를 들어 나비는 적외선 주파수 중 일부를 감지할 수 있다. 물론 원적외선이 내뿜는 '열'이 아니라 근적외선 자체를 볼 수 있는 것이다. 적외선을 감지하는 이러한 능력은 나비가 수많은 식물 가운데 건강한 녹색 식물을 구분하는 데 도움을 줄 수 있다.

스펙트럼을 확장하다
반사

당신은 '반사'라고 하면 우선 거울에 비친 자신의 모습을 떠올릴지 모른다. 하지만 가시광선뿐 아니라 모든 빛이 반사된다. 예를 들어 어떤 물체에 반사되어 되돌아온 극초단파를 탐지하는 원리를 이용한 것이 레이더다. 또한 금은 적외선을 특히 더 잘 반사하므로 종종 방열복의 면갑 재료로 사용된다. 그리고 자외선은 눈이나 물 등의 표면에 반사되어 일광화상을 일으킬 위험이 있다.

실제로 반사는 빛의 기본적인 특성 중 한 가지다. 반사는 들어오는 빛인 입사광선과 나가는 빛인 반사광 두 가지 빛으로 구성되며, 모든 빛은 입사광선의 각도와 반사광의 각도가 같다는 '반사의 법칙'을 따른다. 예를 들어 빛이 어떤 평면에 45도 각도로 부딪힌다면 그 표면에서 반사되어 나가는 각도도 45도다. 빛이 들어오는 각도가 30도일 때는 나가는 각도도 30도가 된다.

오랜 세월 인간의 곁에서 '반사'라는 임무를 수행한 거울을 떠올리면 이를 쉽게 이해할 수 있다. 거울을 정면으로 마주보고 서면 당신은 자신의 모습이 반사된 것을 볼 것이다. 반면 옆으로 한 발짝 물러서면 당신은 물러난 각도만큼 방금 전까지 당신의 뒤에 있던 것들을 볼 수 있다. 거울, 또는 물 같은 매끄러운 표면을 가진 물체에 반사되어 이미지가 형성되는 것은 정반사라고 한다.

반사는 매끄럽지 않은 표면에서 일어날 때 복잡해지는데 기본적으로 대부분의 반사가 여기에 속한다. 사실 대부분의 물체는 스스로 빛을 복사하지 않는다. 우리가 어떤 물체를 볼 수 있는 것은 태양이나 다른 출처에서 나온 빛이 그 물체에 반사되어 우리의 망막에 들어오기 때문이다.

실제로 인간은 물체가 반사하는 빛 덕분에 그 색상을 볼 수 있다. 반대로 어떤 물체가 특정한 색을 흡수한다면 우리는 그 색을 볼 수 없다. 식물을 예로 들어 보자. 식물은 태양이 복사하는 가시광선 중 붉은색과 푸른색 파장에 해당하는 빛을 매우 잘 흡수하지만 녹색에 해당하는 빛은 대부분 반사한다. 바로 이러한 까닭에 식물이 인간의 눈에 대부분 녹색으로 보이는 것이다.

울퉁불퉁한 표면으로 다시 이야기를 돌리자. 육안으로 매끄럽게 보이는 것이라 해도 대부분의 물체는 현미경으로 관찰했을 때 매우 울퉁불퉁하다. 이러한 미세한 불규칙성 때문에 반사된 빛이 사방으로 뻗어나간다. 확산 반사라 불리는 이러한 현상 덕분에 인간의 눈은 물체를 인지할 수 있다. 언뜻 생각하기에 그 반대일 것 같지만, 우리가 보는 어떤 물체의 색은 그 물체가 원래 지닌 색이 아니라 물체의 표면에 반사된 빛의 특정한 색이다.

▲ 물체는 대부분 전구나 태양광 같은 외부 광원에서 유입된 빛을 반사한다. 인간이 주변을 둘러싼 것들을 볼 수 있는 것은 바로 이 반사가 일어나는 덕분이다. 거울이나 이 그림에서 보여 주는 호수의 잔잔한 물결처럼 매끄러운 표면을 가진 물체의 경우 선명하고 동일한 이미지가 만들어진다.

▶ 식물은 태양으로부터 주로 붉은색과 푸른색 부분의 가시광선을 흡수한다. 식물에서 우리가 가장 많이 보는 색은 녹색이다. 이는 식물이 다른 빛은 흡수하고 녹색을 주로 반사하기 때문이다. 이 사진에서 야생 히아신스 꽃밭 중앙의 녹색 잎과 풀은 녹색 범위의 빛을 반사하는 반면 꽃 자체는 푸른색 빛을 반사한다.

우주를 가로질러

적외선 망원경으로 연구하는 것은 우주의 외계 행성만이 아니다. 항성 및 행성 주변의 먼지 원반, 가스와 먼지 구름, 은하 등 우주 전역에 있는 모든 물체는 적외선을 발산하며 밝게 빛난다. 실제로 앞으로는 적외선 망원경으로 획득한 정보를 이용하여 수십억 년 전, 우주에서 가장 먼저 형성된 항성과 은하를 탐지하고 연구할 수 있을 것이다.

▶ 태양계의 많은 천체는 그들이 복사하는 적외선을 통해 우리에게 중요한 정보를 알려준다. 근적외선으로 촬영한 이 이미지는 푸른색의 토성을 보여 주고 있다. 여기에서 밝은 청색으로 표시된 토성의 적도를 따라 분명하게 폭풍이 이동하는 것을 볼 수 있다. 토성의 고리 가운데 가장 유명한 것은 이 이미지에서 분홍색으로 표시되었다. 토성의 달 중 하나인 타이탄은 많은 양의 메탄을 대기층에 포함하고 있는 것으로 알려져 있으며, 토성 바로 아래에서 분명하게 확인할 수 있다.

▼ 세븐 시스터즈Seven Sisters라고 알려진 플레이아데스Pleiades 성단은 북반구 천체 관측자들 사이에서 가장 인기 있는 목표물이다. 지구를 공전하는 스피처 우주 망원경에서 촬영한 적외선 이미지를 통해 세븐 시스터즈를 볼 수 있다. 먼지 구름이 별들 주변을 휘몰아치며 부드러운 장막처럼 이들을 감싸고 있다. 플레이아데스 성단은 약 1억 년 전, 즉 지구에 공룡들이 거닐던 시절에 태어난 별들로 구성된다.

▲ 오리온 성좌 띠의 남쪽 인근에 위치한 오리온 성운은 많은 별이 탄생하는 장소다. 이 이미지는 오리온 성운을 적외선 촬영한 것이다. 적외선은 인간이 육안으로 볼 수 있는 가시광선과 달리 성운에 퍼져 있는 먼지를 통과하여 그 안에 가려져 있는 매우 어린 별들을 드러나게 만든다. 이 이미지는 유럽 남방천문대가 칠레에 설치한 라 실라 파라날 천문대의 적외선 망원경으로 촬영되었다.

▼ 가시광선으로 관찰하면 먼지에 가로막혀 우리 은하의 중심부를 거의 볼 수 없다. 하지만 적외선은 이러한 먼지를 관통하여 우리가 우리 은하를 명확하게 볼 수 있게 해 준다. 스피처 우주 망원경으로 촬영한 이 이미지는 인간이 적외선을 볼 수 있다면 은하수 중앙을 어떤 모습으로 인식할지를 보여 준다. 붉은색으로 표시된 뜨겁고 어린 별들이 빛을 발하고, 푸른색으로 표시된 나이 든 별과 먼지가 그 빛을 받아 빛나는 것을 볼 수 있다. 가운데 있는 흰색 점은 우리 은하이며, 그 중심에는 거대한 블랙홀이 존재한다. 이 블랙홀은 태양의 질량보다 4백만 배 무겁다.

▶ 우주에는 다양한 유형의 은하가 있으며, 이들은 적외선 등 다양한 종류의 빛을 내뿜는다. 솜브레로 은하는 모든 은하가 그러하듯 소위 말하는 나선형 은하다. 이 은하는 지구에서 관측했을 때 중앙에 두꺼운 먼지대가 가로지르는 것으로 유명하다. 오른쪽 그림처럼 가시광선으로 보면 이 먼지대는 솜브레로 은하 중앙에 위치한 항성들로부터 오는 빛을 차단한다. 반면 위의 이미지처럼 적외선을 이용하면 먼지가 밝게 빛나고, 그 덕분에 우리는 먼지대 자체의 내부 구조는 물론 이 별들의 내부 원반을 명확하게 볼 수 있다.

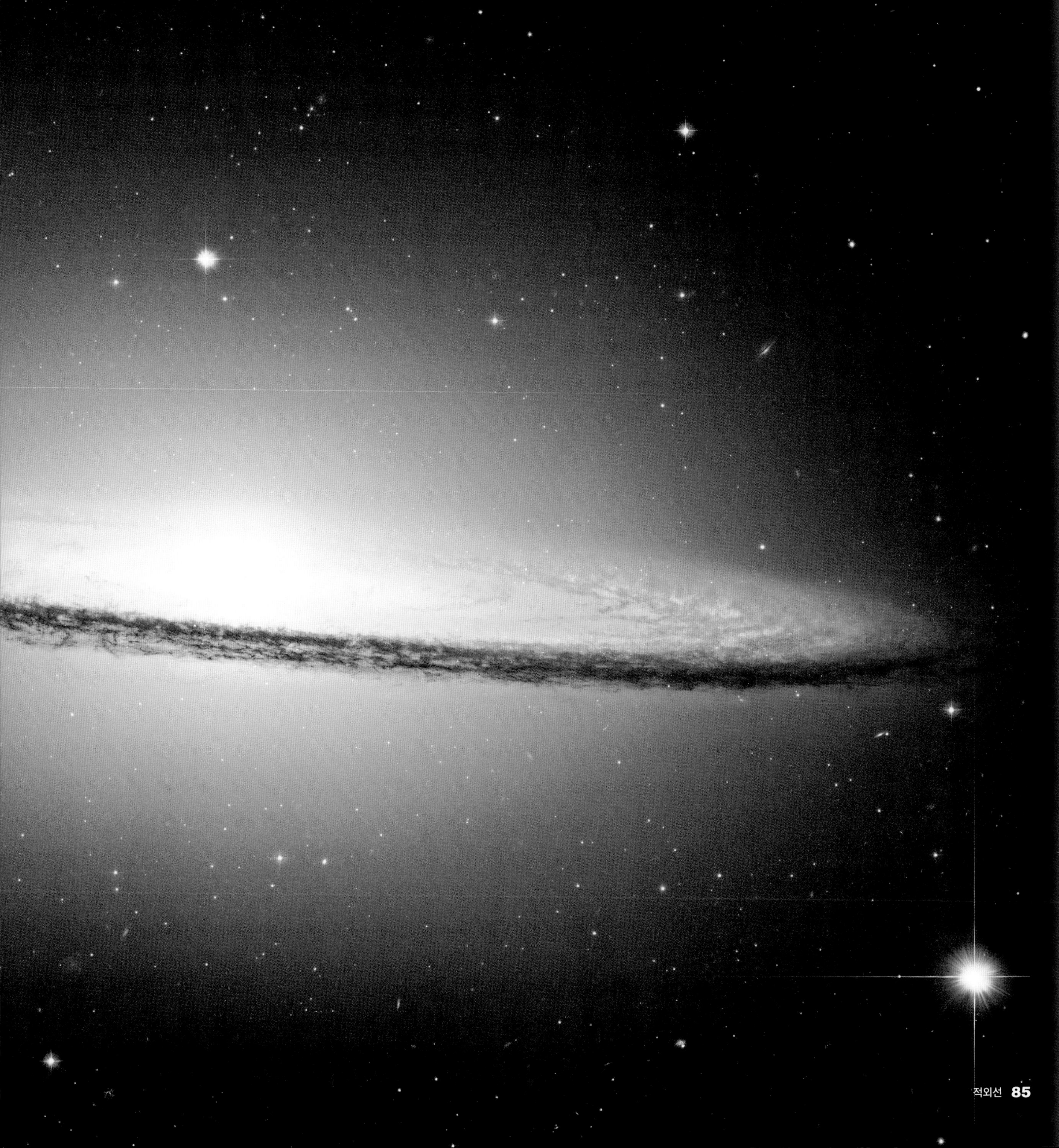

가시광선

인류는 가시광선에 가장 민감하게 진화했다. 태양이 복사하는 빛 가운데 지구 대기층을 통과하여 지표면에 도달하는 파장의 빛이 가시광선이니만큼 이는 필연적인 일이었다. 지구상의 거의 모든 종과 더불어 인간은 가시광선에 영향을 받는다. 또한 인간은 가시광선을 어떻게 이용하고 통제하는지를 밝혀냈고, 그 결과 가시광선은 인간의 생활과 더욱 밀접해졌다.

한 눈에 보는 가시광선

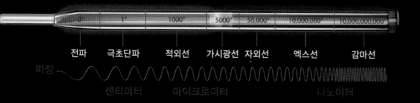

온도

전파 극초단파 적외선 가시광선 자외선 엑스선 감마선

파장 센티미터 마이크로미터 나노미터

파장(센티미터): $7 \times 10^{-5} \sim 4 \times 10^{-5}$
규모: 원생동물
주파수 Hz : $4.3 \times 10^{14} \sim 7.5 \times 10^{14}$
에너지 eV : $2 \sim 3$
지구 표면 당도 여부: 대부분 도달한다.
과학 장비: 허블 우주 망원경, 광학 현미경, 레이저, 쌍안경

가시광선에 대한 요점 정리

⊚ 전자기 스펙트럼 중 아주 적은 부분을 차지하며 인간의 눈으로 감지할 수 있다.
⊚ 가시광선을 구성하는 색상으로 확산될 수 있고, 주로 붉은색, 주황색, 노란색, 녹색, 푸른색, 보라색의 순서로 나열된다.
⊚ 현미경에서 레이저, 망원경 등 셀 수 없이 많은 장비에 응용된다.

▶ 가시광선은 존재하는 모든 유형의 빛 중 극히 일부분에 불과하다. 하지만 인간에게 볼 수 있는 능력을 제공하므로 매우 중요한 의미를 지닌다. 이 그림은 아이오와 주 북동부의 석양을 담고 있다.

◀ 자연적으로 발생한 무지개를 보기 위해서는 몇 가지 조건이 필요하다. 비의 양, 햇빛의 방향, 시간대(오전과 오후가 가장 적합하다), 바라보는 시점(태양을 등져야 한다)이 그것이다. 뉴질랜드에서 촬영한 이 사진에서는 우연히도 무지개 끝에서 소가 풀을 뜯고 있다.

일상 속의 가시광선

잠에서 깨서 처음 접하는 빛이 아름다운 일출이든 인공 조명에서 나온 것이든 가시광선은 우리의 일상에서 중요한 역할을 한다. 안경을 쓰고 뭔가를 읽을 때, 고개를 들어 무지개를 올려다볼 때, 또는 주황색과 붉은색으로 물든 석양을 감상할 때 우리는 빛의 다양한 현상을 보고 있는 것이다. 그러한 현상으로 몇 가지만 들자면, 빛은 구부러지고 굴절되며 산란될 수 있다. 태양에너지를 사용하는 일에서 빛 공해의 해결 방법을 찾는 일까지, 태양이 복사하는 가시광선은 다양한 면에서 우리의 일상과 연관된다.

가시광선은 의심할 여지없이 우리에게 가장 친숙한 빛이다. 얼굴, 가구, 반딧불이, 무지개 등 세상 모든 것은 그것이 붉은색, 주황색, 노란색, 녹색, 푸른색, 보라색이 섞인 빛을 반사하거나 발산하기 때문에 우리 눈에 보이는 것이다.

인류는 역사가 시작된 이래 대부분의 시간 동안 우리가 육안으로 감지할 수 있는 빛이 전부라고 생각했다. 따라서 '빛'이 인간의 망막을 자극할 수 있는 이 좁은 주파수대의 전자기 스펙트럼, 즉 가시광선과 동의어가 된 것도 놀랄 일은 아니다. 실제 존재하는 빛 중 아주 작은 부분에 불과할지 몰라도 가시광선은 분명 중요한 빛이다.

가시광선은 우리 삶에 막대한 영향을 준다. 오히려 영향을 주지 않는 방식을 찾기가 어려울 지경이다. 가시광선 없이는 길을 찾을 수조차 없다. 그 밖에도 레이저에서 태양 전지판까지, 현미경에서 망원경까지 수많은 응용 방법이 있다. 가시광선은 우리를 둘러싼 수많은 것을 비춰준다. 글자 그대로는 물론 비유적으로도 말이다.

▶ 광학 현미경은 가시광선과 렌즈 시스템을 이용하여 매우 작은 샘플의 이미지를 확대한다. 오른쪽 이미지를 보면 광학 현미경이 우리에게 무엇을 보여 줄 수 있는지 알 수 있다. 현미경은 너무 작아서 육안으로 확인할 수 없는 대상을 확대한다. 이때 표본의 구성 요소에 의해 빛이 얼마나 구부러지는지를 측정하는 특수한 기술이 사용된다. 이 이미지에서 우리는 소형 녹색 조류가 커다란 원형 군체를 이룬 모습을 볼 수 있다. 이미지 중앙 오른쪽을 보면 군체 안에 그보다 더 큰 황록색 구형 부분이 있는데, 이는 이전 군체의 표면에서 자라난 새로운 군체다.

▶ 태양 전지판 기술 덕분에 우리는 태양이 제공하는 에너지 가운데 일부를 이용하여 전기를 공급할 수 있다. 태양 전지판 안에 장착된 광전지가 태양으로부터 받은 빛을 실리콘 같은 반도체 소재를 통해 전기로 전환하여 전력을 생성한다. 태양열 전기는 여전히 장래성 있는 재생 가능 에너지원이다.

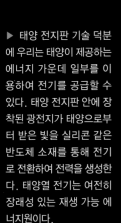

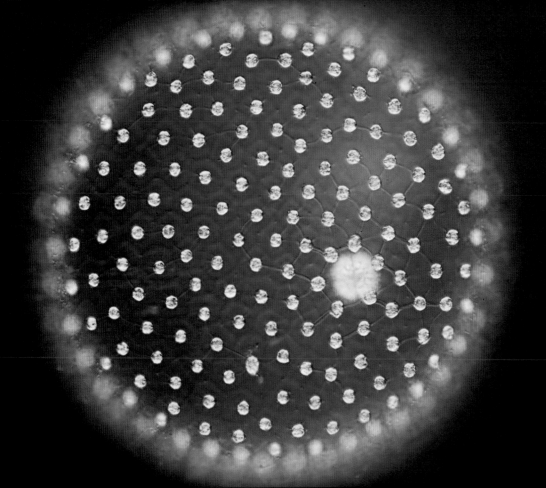

주목해야 할 과학자

아이작 뉴턴Isaac Newton

일설에 따르면 아이작 뉴턴은 나무에서 사과가 떨어지는 모습을 보고 중력 이론을 생각해 냈다고 한다. 워낙에 '유레카'를 외칠 법한 이야기로 유명하지만, 사실 과학 역사의 거물로 칭송받는 아이작 뉴턴은 1600년대 중반에서 후반 사이, 중요한 빛의 특성을 발견한 인물이기도 하다. 영국의 물리학자이자 수학자인 뉴턴은 무지개가 어떻게 생겨나는지를 최초로 이해한 인물로 평가받는다. 그는 무지개 각각의 색, 즉 붉은색, 주황색, 노란색, 녹색, 푸른색, 보라색을 분리하기 위해 프리즘을 어떻게 사용해야 하는지를 밝히고, 빛이 색을 띠는 것이 프리즘 때문이 아니라 굴절 때문이라는 사실을 증명했다. 그는 영국에서 광학에 대한 연구 논문을 출간하며 「빛과 색에 대한 새로운 이론New Theory about Light and Colors」을 발표했다. 이는 당시 대부분의 학자들이 생각하는 것과는 전혀 다른 이론이었다.

▲ 1702년, 고드프리 넬러Godfrey Kneller 경이 그린 아이작 뉴턴 경의 초상화. 오늘날 이 초상화는 런던에 있는 영국 국립초상화미술관에 전시되어 있다.

색의 무지개

과학자들은 가시광선을 이렇게 정의한다. '무지개의 한쪽 끝은 붉은색이고 다른 한쪽 끝은 보라색이다. 붉은색 부분이 가장 긴 파장을, 보라색 부분이 가장 짧은 파장을 지닌다.' 물론 그 사이에 우리가 학교에서 배운 대부분의 색이 존재한다. 주황색, 노란색, 녹색, 푸른색이다. 하늘색도 배웠다는 사람도 있겠지만 현재 하늘색은 거의 무지개 색에 포함시키지 않는다.

1665년, 아이작 뉴턴은 태양광을 프리즘에 통과시키면 이러한 색들로 분산된다는 사실을 발견했다. 빛이 한 가지 매개체인 공기에서 다른 매개체인 유리를 통과할 때 그 경로는 구부러진다. 얼마나 구부러지는지는 빛의 파장에 달려 있다. 즉 각 색상이 약간씩 다르게 분산된다는 것이다. 가장 짧은 파장을 지니고 있으므로 푸른색이 가장 많이 구부러진다. 반면 가장 긴 파장을 지닌 붉은색이 가장 적게 구부러진다. 파장이 짧을수록 빛은 더 잘 구부러진다. 어떤 물질을 통과할 때 그 물질과 더 많은 상호작용을 일으켜 속도가 느려지고 결국 파장이 긴 빛보다 더 많이 구부러지는 것이다. 그리고 파장의 길이가 그 중간인 색은 구부러지는 정도도 그 중간에 해당된다.

적절한 조건이 형성되면 지구 대기의 물 분자 역시 가시광선을 각각의 색상으로 분산시킬 수 있다. 이것이 바로 우리가 아는 무지개다. 그 원리는 다음과 같다. 태양광이 특정한 각도로 물방울에 들어가면 프리즘을 통과할 때처럼 각 색상은 파장에 따라 다르게 구부러진다. 계속 가던 길을 가는 빛도 있지만 물방울로 들어갔을 때 거의 정반대 방향으로 반사되는 빛도 있다. 바로 이 때문에 해를 등진 상태에서만 무지개를 볼 수 있다.

지구 대기에서 작은 프리즘 역할을 할 수 있는 것은 액체만이 아니다. 북반구에서 생기는 빙정 역시 빛을 산란, 즉 분산시킬 수 있다. 이러한 빙정은 물방울과 달리 구 모양이 아니므로 만들어 내는 패턴도 사뭇 다르다. 예를 들어 빙정은 아름다운 천체 쇼인 무리해sun dog, 또는 무리halo가 생기는 원인이다. 이는 특정한 조건이 형성되었을

때 태양 주변에서 일어나는 현상이다.

이제 우리는 우리가 볼 수 있는 태양광, 즉 가시광선이 잘 알려진 일곱 가지 무지개 색으로 갈라질 수 있다는 사실을 안다. 우리 눈에 어떤 벽이 붉은색으로, 식물이 녹색으로 보이는 것은 벽이 붉은색이고 식물이 녹색이기 때문이라는 것이 맞는 말처럼 들릴 것이다. 하지만 제3장에서 언급했듯이 실제로 우리가 어떤 물체를 어떤 색으로 보는 것은 그 물체가 무엇을 반사하느냐에 달려 있다. 식물의 잎과 줄기가 녹색으로 보이는 것은 빛을 받았을 때 붉은색과 푸른색을 대부분 흡수해버려 더 이상 존재하지 않고 남은 색을 우리가 보기 때문이다. 바로 녹색이다.

▼ 아래 그림처럼 빛이 빗방울로 들어가면 이동 경로(A)가 구부러져 다른 방향의 빗방울에서 나온다(B). 각기 다른 파장의 빛이 약간씩 다르게 구부러지므로 빛은 다양한 색으로 분산된다. 빗방울을 통과하지 못하는 빛도 있고 반사돼서 빗방울 앞쪽으로 다시 나오는 빛도 있다. 빛이 빗방울을 통과해서 빠져나올 때 빛의 색은 더욱 퍼져서 확산된다. 그리고 누군가 빛이 반사되는 방향(C)에서 이 빛을 본다면 유타 주에서 촬영한 위의 그림처럼 아름다운 무지개를 감상할 수 있다.

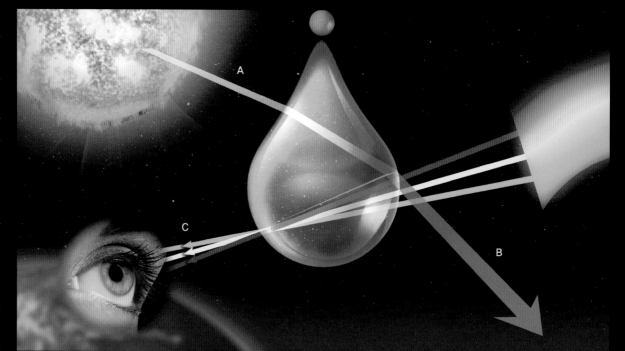

인간은 어떻게 보는가 ◀◀

인간의 눈은 어떻게 색을 감지하는가? 빛은 어떤 물체에 반사된 뒤 각막을 통해 우리의 눈으로 들어온다. 각막이란 안구 외부를 감싸는 투명한 덮개다. 각막으로 들어온 빛은 동공을 지나 망막에 최종적으로 도달한다. 동공은 눈의 색을 결정하는 홍채의 가운데 있는 검은 원형 부분이다. 망막은 안구 뒤쪽에 위치한 얇은 조직 층이며, 간상체rod와 추상체cone라는 감광신경세포를 다수 지니고 있다. 추상체는 세 가지로 나뉘며 각각 적색, 녹색, 청색 빛에 특히 감수성이 높다. 망막에 있는 신경은 모두 빛을 전기 자극으로 전환하고, 이 자극이 최종적으로 뇌의 시신경에 도달하여 이미지가 만들어진다.

광수용체는 빛을 받았을 때 변화하는 화학 작용을 거친다. 그렇게 화학 물질이 변화하면 전기 신호가 생기고, 이 신호는 다시 시신경을 통해 뇌로 전달된다. 각기 다른 광수용체가 각기 다른 파장, 즉 각기 다른 색을 지닌 빛에 감수성을 지닌다.

광수용체가 비정상적으로 반응하는 경우도 있는데, 이를 종종 '색맹'이라고 한다. 하지만 이 용어는 정확한 표현이 아니다. 단지 적색과 녹색을 구분하기 어려울 뿐 색맹인 사람들은 대부분의 색을 구분할 수 있기 때문이다. 색맹은 안구의 광수용체가 적색과 녹색을 구분하는 데 필요한 화학 작용이 선천적으로 일어나지 않거나 어떤 계기로 더 이상 일어나지 않을 때 발생한다.

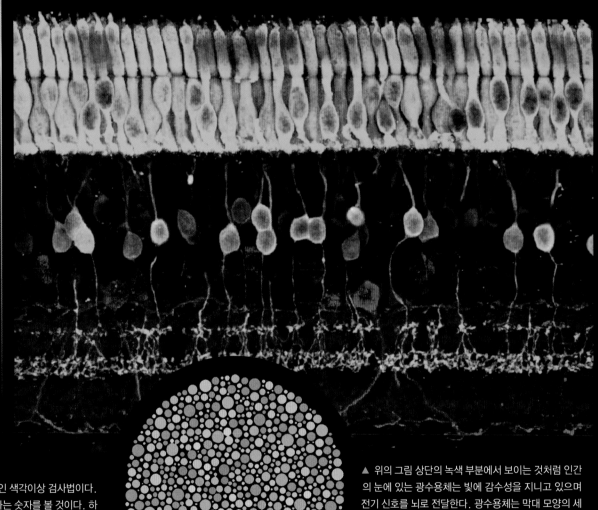

▶ 이 원 안에서 어떤 숫자가 보이는가? 이 이미지는 전형적인 색각이상 검사법이다. 정상, 즉 평범한 색각을 지닌 사람은 원 안에서 분명하게 74라는 숫자를 볼 것이다. 하지만 두 가지 광수용체만 작용하거나 작용하는 광수용체의 기능이 잘못되었을 경우, 어떤 형태든 색맹을 지닌 사람은 숫자 21을 볼 것이다. 그보다 심각한 색각이상을 지닌 사람은 아무 숫자도 보지 못한다.

▲ 위의 그림 상단의 녹색 부분에서 보이는 것처럼 인간의 눈에 있는 광수용체는 빛에 감수성을 지니고 있으며 전기 신호를 뇌로 전달한다. 광수용체는 막대 모양의 세포인 간상체와 원뿔 모양의 세포인 추상체, 두 가지가 있다. 간상체는 희미한 빛 아래에서도 볼 수 있게 해 주는 반면 추상체는 밝은 빛 아래에서 색을 볼 수 있게 해 준다.

▲ 이 이미지에서 잎들은 붉은색인가, 녹색인가, 아니면 푸른색인가? 우리는 이 말레이시아에 위치한 차 농장이 녹색으로 뒤덮였다고 인지한다. 잎들이 녹색 빛을 흡수하지 않고 반사하기 때문이다. 식물은 태양광 중 적색과 청색 빛을 흡수하므로 우리의 눈에는 그러한 색으로 보이지 않는다.

◄ 태양광은 지구 대기권의 새털구름을 통과할 때 그 안에 존재하는 빙정에 의해 반사되고, 그 결과 광학현상인 '무리'와 '22도 무리해'가 발생한다. 무리는 다른 말로 '환일 mock sun'이라고도 하며, 태양의 양쪽에 각각 한 개씩 생기는 밝은색 점들을 말한다. 또한 프랑스 알프스를 담은 이 이미지에서처럼 22도 무리해와 동시에 목격되는 경우가 많다. 무리와 무리해는 대부분 밝은 흰색으로 나타나지만 빙정이 작은 프리즘 역할을 하면 무리해는 다양한 색으로 물들기도 한다.

보는 것이
믿는 것이다

대부분의 물체는 스스로 빛을 복사하지 않는다. 물체가 색을 띠는 것은, 즉 반사된 빛이 우리 눈에 보이는 것은 오로지 태양이나 전구, 불 등 광원이 존재하기 때문이다. 반딧불이 같은 생물 발광 동물처럼 이러한 법칙에도 예외는 있지만 우리를 둘러싼 수많은 것들이 외부 광원의 빛을 반사하지 못하면 원천적으로 색을 띠지 못한다.

하지만 색과 관련된 이야기는 여기서 끝이 아니다. 두 가지 이상의 파장이 결합되었을 때처럼 인간이 색을 감지할 수 있는 다른 방법이 있다. 당신은 이미 아이작 뉴턴이 발견한 가시광선 색상의 요소가 분홍색이나 갈색 같은 색을 포함하지 않는다는 사실을 알아차렸을 것이다. 이러한 색은 각기 다른 색들이 겹칠 때 만들어진다. 실제로 우리의 눈은 크게 적색, 녹색, 청색을 감지하고, 바로 이 색들이 우리가 주변에서 보는 다양한 색으로 변신하는 것이다.

물론 가시광선은 단순한 색 이상의 것이다. 빛에 대한 인간의 이해가 발전한 덕에 빛을 다양한 방식으로 사용하는 능력도 커졌다. 우선 태양광을 전력원으로 사용하고 인위적으로 가시광선을 생산하는 다양한 방법을 개발해 냈다. 그 덕에 우리는 가정이나 도로, 심지어 도시 전체에 조명을 밝힐 수 있게 되었다. 그리고 의학, 통신, 기타 다양한 산업 분야에서 가시광선 기술을 사용한다. 가시광선은 또한 연예, 예술 등에서도 유용하다.

◀ 지구의 대기는 대부분이 질소로 이루어져 있다. 또한 산소와 미량 원자 및 분자도 포함된다. 이러한 지구의 대기층은 태양이 복사하는 유해한 광선으로부터 우리를 보호해 준다. 또한 가시광선의 파장이 지구 표면에 도달할 수 있는 것도 대기층 덕분이며, 이는 지구상 대부분의 종이 가시광선을 감지하도록 진화한 까닭이기도 하다. 국제 우주정거장에서 우주인이 촬영한 이 이미지는 곡선을 이루고 있는 지구와 지구 대기층의 모습이다. 중심에는 북서 아프리카가 위치해 있다.

◀ 지구의 달은 스스로 빛을 복사하지 않고 태양으로부터 받은 빛의 일부를 반사한다. 지구의 유일한 자연 위성인 달을 담은 이 이미지는 애리조나 주 피크국립천문대의 망원경으로 촬영했다. 하지만 달이 모습을 드러낸 시간은 고작 20분의 1초밖에 되지 않았고 이는 달 뒤편에 있는 별들을 촬영하기에는 너무 짧은 시간이었다. 따라서 이 달의 데이터는 다른 망원경의 시계에서 촬영한 먼 거리에 있는 항성과 은하계의 이미지가 결합된 것이다.

▶ 붉은빛으로 물든 하늘과 청명한 푸른색의 하늘 모두 아름다운 광경이다. 하지만 어떤 이유로 지구 대기의 색이 달라지는 것일까? 우리의 태양은 모든 색의 빛을 복사하지만 노란색을 띨 때 가장 강한 빛을 낸다. 오른쪽 위의 프랑스령 폴리네시아에서 촬영한 사진에서 볼 수 있듯이 일몰 시 태양광은 지구 대기층 대부분을 통과한다. 그 결과 노란색 등 단파장 빛이 산란된다. 해가 질 때 하늘이 붉은색으로 물드는 이유가 바로 이것이다. 멕시코 과나후아토의 구름 한 점 없이 맑은 날을 담은 오른쪽의 사진처럼 때로는 하늘이 맑고 푸른색으로 물들기도 한다. 하늘이 이렇듯 선명한 색으로 보이는 것은 지구 대기에 존재하는 원자와 분자가 산란되고 그 결과 태양광 중 푸른색 부분을 가장 증폭시켜 푸른색 빛이 사방에서 오는 것처럼 보이게 만든다.

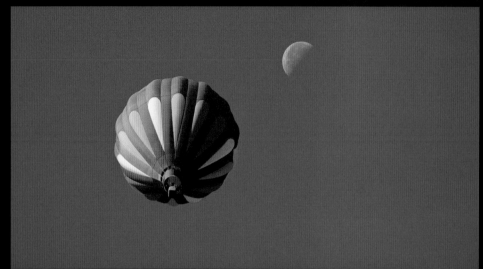

광합성

▼ 이 아름다운 해바라기 밭은 광합성이 진행되고 있는 장소다.

광합성은 식물, 세균, 조류가 태양에서 전달된 빛을 화학적 에너지로 전환하고 이산화탄소와 물을 재료로 탄수화물과 산소를 만들어 내는 경이로운 작용이다. 인간을 포함한 모든 동물이 식물을 섭취한다. 직접 섭취하기도 하고 초식동물을 먹이로 삼아 간접적으로 섭취하기도 한다. 또한 호흡하기 위해 산소를 사용한다. 그러므로 빛은 우리가 존재하기 위해 숨 쉬고 먹는 연료인 셈이다. 하지만 광합성 작용이 일어나기 위해서는 적합한 빛이 있어야 한다. 태양이 복사하는 적외선은 이러한 과정에 연료를 공급할 정도로 에너지가 많지 않고 자외선은 에너지가 너무 많아 식물 안의 화학적 결합을 깨뜨린다. 실제로 식물은 인간처럼 일광화상을 입지 않는다. 식물의 잎이 자외선을 배출하는 데 적합한 크기의 미세 사상체filament를 지니고 있기 때문이다. 적외선은 너무 약하고 자외선은 너무 강한 반면 가시광선은 식물이 태양광으로부터 스스로 먹을 것을 만들어 내기에 적합한 빛이다.

▶ 살아 있는 조직이 스스로 빛을 복사할 수 있을까? 가능한 종도 있다. 하지만 몸 안에서 과학자들이 생물 발광이라 부르는 화학 반응이 일어나야 한다. 생물 발광으로 가장 잘 알려진 종은 아래에 보이는 반딧불이다. 반딧불이는 복부에서 루시페린luciferin이라는 유기화합물이 공기 중의 산소와 반응하여 연한 노란색에서 적록색 빛을 만들어 낸다. 하지만 실제로 생물 발광은 대부분 물속에서 일어난다. 호주 남동부에 위치한 깁슬랜드 호를 담은 오른쪽의 작은 사진에서 해양 플랑크톤의 푸른색 발광 빛을 볼 수 있다. 또한 호수 위의 은하수와 항성을 볼 수 있다. 이는 조리개 노출 시간을 길게 조절해서 촬영한 것이다.

굴절

빛이 한 가지 매개체에서 다른 매개체로 지나갈 때 그 경로는 구부러지기도 한다. 즉 방향을 바꾼다. 과학자들은 이러한 현상을 굴절이라고 부른다. 물을 담은 유리잔에 빨대를 꽂아보기만 해도 이러한 현상을 볼 수 있다. 빨대는 직선이지만 수면을 경계로 아래 부분이 구부러져 보인다.

이렇듯 빛이 구부러지는 현상 덕분에 우리가 매일 일상적으로 경험하는 일이 있다. 바로 눈으로 보는 것이다. 각막으로 들어온 빛은 렌즈를 통과한 뒤 망막에 있는 시신경에 초점이 맞춰진다. 그런 다음 수백만 개의 신경섬유가 이 정보를 뇌로 전달하고, 뇌는 다시 이 정보를 처리한다. 하지만 빛을 구부러뜨리고 안구 뒤쪽에 있는 작은 점, 즉 시신경이 있는 부분에 초점을 맞춰 애초에 우리가 볼 수 있게 하는 것은 뇌가 아닌 바로 눈이 가진 능력이다.

물론 이렇듯 초점을 맞추는 일이 완벽하게 작용하지 않을 때도 있다. 실제로 공기를 이동하던 빛이 각막을 통과할 때 매개체가 바뀌는데, 이처럼 초점을 맞추는 일이 어긋날 수 있는 장소가 많이 존재한다. 공기에서 각막으로 이동하는 것은 경계가 급격하게 변화하는 일이므로, 시각적 문제 중 상당 부분은 빛이 제대로 굴절되지 않을 때 발생한다(실제로 가장 흔한 시각 장애 중 한 가지가 굴절 이상이다). 사람들은 인간의 눈에서 발생하는 비정상적 굴절을 해결하는 방법을 알아냈다. 선천적인 결핍을 보상하는 다른 렌즈를 개발한 것이다. 이것이 바로 우리가 아는 안경과 콘택트렌즈다.

파동은 파장에 따라 새로운 물질로 들어갈 때 각기 다른 정도로 구부러진다. 즉 다른 각도로 굴절되는 것이다. 굴절은 이전의 매개체와 다음 매개체 사이에서만 일어난다. 일단 그 경계선을 통과하면 빛은 다음에 새로운 환경을 만날 때까지 계속 직진한다.

한 가지 매개체에서 다른 매개체로 이동하면서 속도가 변할 때 빛의 경로도 변한다. 자전거를 타고 포장된 도로를 달리다가 갑자기 잔디밭으로 들어갔다고 상상해 보라. 완전히 나뒹굴지 않는다는 전제 하에 같은 힘을 들여 계속 페달을 밟는다면 속도는 줄어들 것이다.

이제 당신과 수많은 친구들이 똑같은 속도로 나란히 자전거를 탄다고 생각해 보라. 앞에서와 똑같은 지점에서 잔디로 접어드는 순간, 경계면이 대형과 평행이 아니라 사선을 이루고 있어 어떤 친구는 먼저 잔디밭에 접어들고 어떤 친구는 나중에 접어들었다. 물론 잔디밭으로 들어서는 순간 속도는 느려진다. 드론을 띄워 동시에 자전거를 타고 이동 중이던 사람들의 대열을 관찰한다면 자전거 타이어가 잔디밭에 들어서는 순간 대열의 방향이 변하는 것처럼 보일 것이다. 이것도 넘어지지 않았을 때의 이야기지만 말이다.

굴절의 법칙에서 중요한 예외가 한 가지 더 있다. 빛은 맞닥뜨린 새로운 매개체에 완벽하게 90도 각도로 들어가지 않으면 굴절되지 않는다. 빛이 평면인 유리와 만났을 때를 생각해 보라. 외양을 바꾸지 않은 채 유리를 바로 통과한다. 이제 태양광이 같은 유리로 만들어졌지만 경사진 면이 있는 프리즘을 통과할 때를 생각해 보라. 프리즘의 경사면을 만났을 때 속도가 느려지는 것은 같지만 그 정도는 파장에 따라 약간씩 차이가 있을 것이다. 뉴턴이 발견한 것처럼 이 때문에 태양광이 빛을 구성하는 색으로 확산되는 것이다. 하지만 모든 빛이 유리를 직각으로 만나면 새로운 매개체에 동시에 맞닥뜨리게 되므로 속도가 줄거나 경로에 변화가 생기지는 않는다.

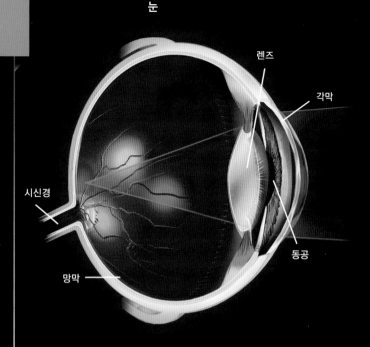

눈

렌즈

각막

시신경

망막

동공

▲ 인간의 눈은 보기 기능을 수행하는 정교한 조직이며, 주요 부분만 언급하자면 렌즈, 각막, 동공, 시신경, 망막으로 구성된다. 하지만 우리의 눈에 어떻게 보이느냐에 있어서는 빛의 굴절이 중요한 역할을 한다. 특히 각막에서 망막으로 이동하는 동안에는 빛의 굴절과 초점이 중요하다.

▶ 빛의 경로가 굴절되면 광원의 이미지 역시 왜곡된다. 안경의 렌즈를 통과하거나 여러 은하를 워프 속도로 통과할 때 빛의 경로가 굴절될 수 있다.

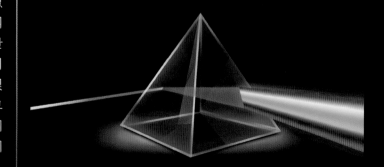

▲ 태양광은 프리즘을 통과할 때 확산된다. 즉 빛을 구성하는 색들로 퍼지는 것이다. 19세기 초반, 윌리엄 허셜은 인간이 눈으로 볼 수 있는 무지개 색 빛 이외에 다른 빛이 존재한다는 사실을 발견했다. 적외선은 인간의 눈에 보이지 않지만 전용 탐지기와 카메라를 사용하여 우리가 볼 수 있는 이미지로 바꿀 수 있다.

▶ 지구 대기층은 렌즈 같은 역할을 할 수 있다. 일몰을 예로 들자면, 태양광은 지구 대기의 여러 층을 통과하는 동안 굴절되므로 태양이 납작하게 보이기도 한다. 태양 아랫부분에서 복사되는 빛은 위에서 복사되는 빛보다 많이 휜다. 우리가 수평선에 가까운 곳을 볼수록, 즉 해발 고도가 낮을수록 빛이 더 많은 대기층을 통과해야 하기 때문이다. 그 결과 남중국해의 모습을 담은 이 사진에서처럼 태양은 원이 아닌 타원형으로 보인다.

우주를 가로질러

가시광선을 사용해 우주에서 관찰할 수 있는 것은 매우 많다. 물론 적외선과 자외선 주파수대 일부도 사용하지만 가시광선을 이용하여 우주를 관찰하는 것 중 가장 유명한 관측 장비는 두말 할 필요도 없이 허블 우주 망원경이다. 고성능 광학 망원경 대부분이 가시광선을 이용하지만 인간이 멀리 떨어진 우주 물체에 가까이 가서 직접 보는 것과는 다르다. 이런 망원경은 인간의 눈과는 비교도 되지 않을 정도로 가시광선에 민감하여 우주 저 멀리 있는 물체가 발산하는 미세한 빛도 감지할 수 있다. 따라서 고성능 망원경 덕분에 우리는 초능력자와 같은 시야를 얻을 수 있다.

핵심을 말하자면, 광학 망원경은 인간이 태양계의 다른 행성과 인공위성을 관찰하는 방식을 엄청나게 바꿔놓았다. 1609년, 이탈리아 천문학자 갈릴레오 갈릴레이가 울퉁불퉁한 달을 처음 망원경으로 들여다본 이후, 인간은 우리의 태양계 구성에 대한 지식에 엄청난 발전을 이루었다. 과학자들은 화성의 무인 탐사 자동차를 원격 조종하는 방법을 개발했고, 목성에서 발생하는 폭풍과 토성의 고리를 면밀하게 관찰했으며, 태양계 가장 먼 곳까지 우주선을 보내게 되었다.

▼ 어릴 적 모래사장에서 원격 조종 자동차를 몰아봤다면 이것이 쉬운 일은 아니라는 사실을 알 것이다. 그러니 수억 킬로미터 떨어진 곳에 있는 사막 지역에서 원격 조종 자동차를 모는 것이 얼마나 어려운 일인지 생각해 보라. 2013년 탐사선 큐리오시티가 촬영한 화성의 합성 이미지에서 중앙에 있는 두 개의 모래 언덕을 볼 수 있다. 이 언덕은 트윈 케언스 아일랜드라는 별명을 갖고 있다. 화성의 낮 하늘은 지구의 하늘과 달리 황갈색을 띠고 있다. 이 화성 이미지는 연구가들이 쉽게 활용할 수 있도록 지구와 일광 조건이 비슷하다는 가정 하에 데이터의 색을 교정한 것이다. 그 덕분에 화성의 지질학적 재료를 육안으로 구분할 수 있다.

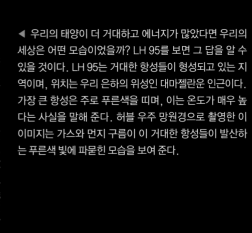

◀ 우리의 태양이 더 거대하고 에너지가 많았다면 우리의 세상은 어떤 모습이었을까? LH 95를 보면 그 답을 알 수 있을 것이다. LH 95는 거대한 항성들이 형성되고 있는 지역이며, 위치는 우리 은하의 위성인 대마젤란운 인근이다. 가장 큰 항성은 주로 푸른색을 띠며, 이는 온도가 매우 높다는 사실을 말해 준다. 허블 우주 망원경으로 촬영한 이 이미지는 가스와 먼지 구름이 이 거대한 항성들이 발산하는 푸른색 빛에 파묻힌 모습을 보여 준다.

▶ 1995년, 허블 우주 망원경으로 촬영한 최초의 이미지에서 M16이라고 알려진 어두운 먼지 기둥들은 창조의 기둥이라는 별명으로 불린다. 그리고 2015년, M16의 이미지가 새로 발표되었다. 이는 우주인들이 설치한 허블 망원경으로 촬영했으며, 1995년보다 발전된 장비를 사용한 만큼 환상적인 경관을 담을 수 있었다. 가시광선과 자외선을 이용하여 촬영된 이 이미지에서 산소는 푸른색, 황은 주황색, 수소와 질소는 녹색을 띤다.

▶ 허블 우주 망원경으로 가시광선을 촬영한 이 이미지는 우리 은하계에서 저 멀리 떨어진 용골 성운의 모습을 담고 있다. 여기에서 우리는 거대한 획을 그은 것 같은 어두운 먼지 기둥과 번쩍이는 가스 구름을 볼 수 있다. 지구에서 7천5백 광년 떨어진 곳에 위치하고 너비가 483조 킬로미터에 달하는 이 성운은, 내부에 위치한 어리고 온도가 높은 항성들이 강력한 빛을 복사하는 모습을 보여 준다.

▲ 활짝 피어나는 장미꽃처럼 보이는 이 이미지는 상호작용하고 있는 은하들을 담고 있다. 생김새를 생각하면 'Arp 273(공습경보)'이라고 부르는 건 그다지 적절해 보이지 않는다. 지구에서 3억 광년 떨어진 곳에 위치한 Arp 273을 담은 이 허블 이미지에서 푸른색으로 표시된 자외선은 물론 붉은색과 녹색으로 표시된 가시광선을 볼 수 있다. 이미지 아래쪽, 장미의 줄기에 해당되는 부분의 소형 은하가 이미지 위쪽, 장미의 꽃봉오리에 해당되는 부분의 대형 은하를 관통하는 것으로 여겨진다. 최종적으로 이 두 은하는 융합되어 한 개의 거대한 은하를 형성할 것으로 보인다.

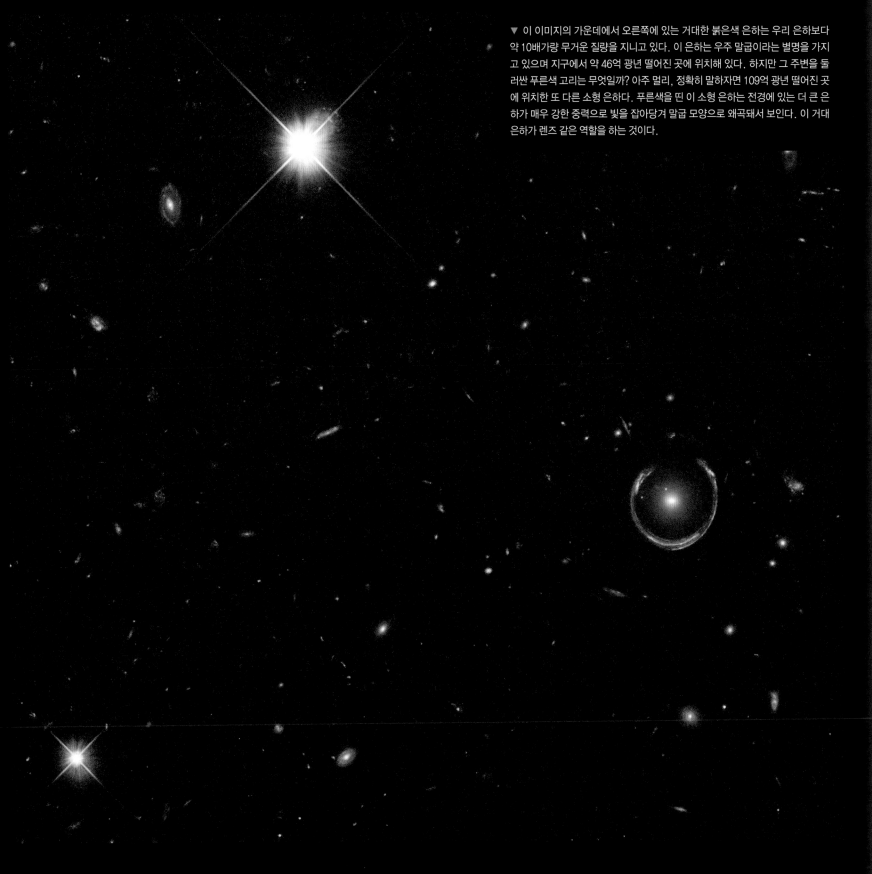

▼ 이 이미지의 가운데에서 오른쪽에 있는 거대한 붉은색 은하는 우리 은하보다 약 10배가량 무거운 질량을 지니고 있다. 이 은하는 우주 말굽이라는 별명을 가지고 있으며 지구에서 약 46억 광년 떨어진 곳에 위치해 있다. 하지만 그 주변을 둘러싼 푸른색 고리는 무엇일까? 아주 멀리, 정확히 말하자면 109억 광년 떨어진 곳에 위치한 또 다른 소형 은하다. 푸른색을 띤 이 소형 은하는 전경에 있는 더 큰 은하가 매우 강한 중력으로 빛을 잡아당겨 말굽 모양으로 왜곡돼서 보인다. 이 거대 은하가 렌즈 같은 역할을 하는 것이다.

5
자외선

태양이 복사하는 빛 가운데 상당 부분은 가시광선이 아닌 자외선의 형태를 띤다. 그런 만큼 맑은 날 외출할 때 일광화상을 입지 않게 조심해야 한다는 말이 나오는 것이다. 하지만 정확하게 사용할 경우 자외선은 긍정적인 영향도 있다. 예를 들어 인간과 동물은 자외선을 이용해 비타민 D를 생성한다. 또한 자외선을 조광했을 때만 드러나는 워터마크와 숨겨진 정보 등의 기술을 이용하여 사기를 예방하기도 한다.

한 눈에 보는 자외선

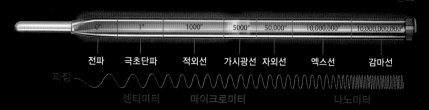

파장(센티미터): $4 \times 10^{-5} \sim 4 \times 10^{-7}$
규모: 분자
주파수Hz: $7.5 \times 10^{14} \sim 3 \times 10^{16}$
에너지eV: $3 \sim 1^{20}$
지구 표면 당도 여부: 대부분 도달하지 않는다.
과학 장비: 자외선 램프, 블랙 라이트, 자외선 분광광도계, 자외선 탐지 망원경

자외선에 대한 요점 정리
⊙ 가시광선 무지개 색의 보라색 부분 너머에 존재한다.
⊙ 일부 주파수대의 자외선은 원자와 분자로부터 전자를 이탈시킬 수 있다.
⊙ 인간에게 해가 될 수도, 유익할 수도 있다.

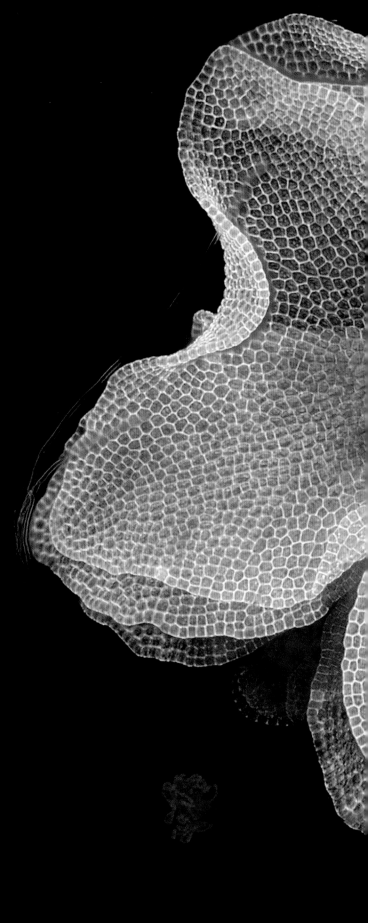

◀ 자외선은 식물 세포, 균, 무기질 등의 현미경 이미지를 관찰하는 데 종종 사용되며 대부분 표본을 손상시키지 않는다. 자외선을 이용하여 촬영한 이 이미지는 잎우산이끼류를 보여 주고 있다. 식물이 체내 곳곳에 물을 공급하고 보유하는 것과 달리 잎우산이끼류는 일반적인 이끼와 마찬가지로 이러한 작용을 하지 않는다. 또한 이 이미지에서는 남조류도 볼 수 있다. 이는 위쪽 가운데에서 오른쪽 대부분을 차지하고 길고 얇은 섬유 구조를 지녔다. 이 현미경 이미지는 자외선 조명을 이용하여 50배 확대한 것이다.

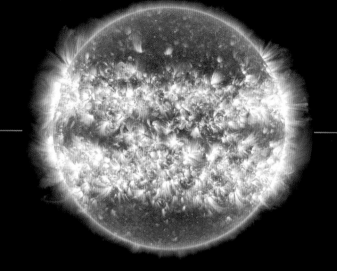

일상 속의 자외선

당신은 따뜻하고 맑은 날, 해를 향해 고개를 들어 햇살을 만끽하는 자신의 모습을 상상할 수 있을 것이다. 그 햇빛 가운데는 자외선도 있다. 태양은 다양한 종류의 빛을 복사하지만 자외선은 아마도 당신에게 매우 친숙한 빛일 것이다. 자외선은 피부의 노화를 가속화하고 손상을 초래한다. 따라서 태양이 뿜어내는 해로운 자외선을 피하기 위해 얼굴에 자외선 차단제를 바르는 것은 이제 일상적인 일이 되었다. 자외선 차단제를 가장 먼저 떠올리지 않는다 하더라도 당신은 자외선 기술을 이용한 제품들을 사용하고 있을지도 모른다. 사무실의 형광등 조명을 켜는 일부터 자외선 워터마크가 표시된 신용카드를 사용하는 일까지, 현대 사회에서 생활을 편리하게 해 주는 테크놀로지 가운데 많은 것이 자외선을 기반으로 한다.

자외선이라는 이름만 들어도 이 빛이 전자기 스펙트럼 중 어떤 주파수대를 말하는지 알 수 있다. 바로 가시광선의 무지개 색 중 보라색 바로 너머에 있다. '자외선' 하면 많은 사람이 해로운 것으로 알고 있을 것이다. 그렇지 않더라도 일정 기간 날씨가 맑은 기후인 곳에 살았다면 '자외선 지수'라는 말을 들어봤을 것이다. 이는 과학자들이 어떤 날, 어떤 지역에 도달하는 자외선의 양을 표현하기 위해 만들어 낸 체계다. 자외선 지수가 높으면 해가 나 있는 동안 야외 활동을 지나치게 오래 하는 것을 피하라는 권고가 내려질 수도 있다.

다른 요소들도 피부에 해로운 영향을 미치기는 하지만 자외선이 일광화상의 원인인 것은 사실이다. 하지만 자외선은 인간의 건강에 도움을 주기도 한다. 예를 들어 인간과 동물의 신체에 있어서 뼈를 강화하는 비타민 D를 생성하는 데 자외선이 도움이 된다. 또한 자외선에 노출되면 건선과 백반증 같은 피부 질환에 도움이 된다.

인간은 미생물의 DNA 등 핵산을 분해하는 자외선의 성질을 활용할 수도 있다. 바이러스도 이러한 미생물에 포함되기 때문이다. 즉 자외선은 인플루엔자 등 전염병을 일으키는 생물을 죽일 수 있다. 분자 구조를 파괴하여 이 미세한 유기물들이 성장하거나 복제되는 것을 막기 때문이다. (그러므로 독감이 유행인 시기에 맑은 날 야외에 나가는 것은 바람직하다.) 잠재적으로 유해한 유기물을 파괴하기 때문에 자외선은 다양한 장소에서 소독용으로 사용되기도 한다. 예를 들어 특정한 주파수대의 자외선을 물 안에 조사하는 램프를 이용하면 물속의 유해한 미생물, 세균, 바이러스를 죽일 수 있다. 이 기술은 병원 입원실과 식품 제조 공장 등에 사용될 수 있다.

자외선은 일반적으로 근자외선near UV, 원자외선far UV, 극자외선extreme UV으로 분류된다. 근자외선은 가시광선보다 에너지는 많지만 원자에서 전자를 뺏어가는 이온화 과정을 일으킬 만큼 많은 에너지를 갖고 있지는 않다. 하지만 원자외선과 극자외선은 이온화 복사의 형태를 띤 빛이다. 이온화를 하는지의 여부를 기준으로 분류하는 이유가 무엇보다 중요하다. 이온화 복사는 인체 내에서 물 등의 분자 구조를 변화시키므로 인간에게 해가 된다. 물 분자에서 이탈한 전자는 자유롭게 움직일 수 있다. 결국 다른 세포들을 변화시키거나 간섭할 수 있고, 궁극적으로 악영향을 미친다. 자외선 외에도 전자기 에너지가 이온화를 일으킬 정도로 높아 이와 같은 특성을 지닌 빛이 있다. 바로 엑스선과 감마선이다. 엑스선과 감마선 역시 이온화 복사의 형태를 띠는 빛이다. 필요한 경우를 제외하고 이러한 고에너지 형태의 빛에 노출되지 않게 차단해야 하는 가장 중요한 원인이 바로 살아 있는 세포에 해를 미칠 가능성이 있다는 것이다.

◁ 지상에서 보면 태양은 평온하고 밝게 빛나는 빛의 원반처럼 보인다. 하지만 110쪽에서 보는 것처럼 우주 공간에서 특정한 자외선을 사용해 관찰하면 태양이 꽤나 흥미로운 모습을 하고 있다는 사실을 발견한다. 이 이미지는 1년 동안 25회에 걸쳐 태양 활동을 관찰한 다음 그 데이터들을 합성해 얻은 것이다. 여기에서 약 55만 5,538℃의 온도를 지닌 태양의 중앙에 활성 코로나루프와 아크가 흩어져 있는 것을 볼 수 있다.

▷ 자외선 복사는 대부분 오존층 등 여러 겹으로 구성된 지구 대기층에 의해 차단되어 지구 표면에 도달하지 못한다. 하지만 대기층에 변화가 생겨 자외선 파장이 이 보호막을 뚫고 들어올 때도 있다. 우리가 이러한 변화를 더 잘 인지하여 자외선 복사로부터 자신을 잘 보호할 수 있게 과학자들이 만들어 낸 것이 바로 자외선 지수다. 자외선 지수란 주로 0에서 11, 또는 12까지의 범위로 이루어지며 0은 자외선에 과다 노출될 위험이 매우 낮다는 것을, 11이나 12는 자외선 복사의 양이 매우 위험한 수준이라는 것을 나타낸다. 또한 지구상 어떤 곳, 특히 고도가 높고 오존 구멍이 있는 곳에서는 자외선 지수가 30 또는 40까지 치솟는 경우도 있다.

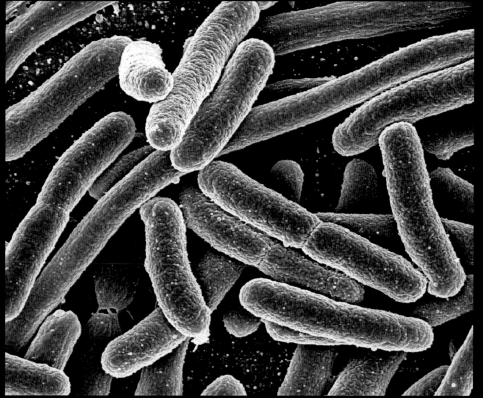

▷ 대장균E.Coli이라고도 알려진 그람음성간균은 어린이와 성인 모두에게 식중독을 일으킬 수 있는 세균이다. 이 이미지는 현미경으로 7천 배 확대한 대장균이다. 이 같은 대장균은 자외선 빛에 노출되면 사멸될 수 있다.

요한 리터Johann Ritter

19세기 초, 윌리엄 허셜이 적외선을 발견하자 독일 과학자 요한 리터는 스펙트럼의 보라색 부분 너머에 무엇이 있는지 살펴보기로 결심했다. 1801년, 25세였던 리터는 염화은을 사용해서 실험을 시작했다. 염화은은 태양에 노출되면 검게 변하는 화학 물질이다. 리터는 뉴턴과 허셜이 그랬던 것처럼 프리즘을 사용해 가시광선 스펙트럼을 만든 뒤 이 빛을 염화은에 비춰 그 반응을 관찰했다. 염화은은 스펙트럼의 붉은 부분보다 보라색 부분에 가까운 빛에 더 잘 반응했다. 하지만 가장 강하게 반응한 것은 그가 아무런 빛이 보이지 않는 스펙트럼의 보라색 부분 바로 너머의 영역으로 염화은을 가져갔을 때였다. 리터는 자신이 발견한 것을 '화학적 빛'이라고 불렀지만, 훗날 이 빛은 무지개의 보라색 끝 너머에 위치했다는 의미로 '자외선'이라고 명명되었다.

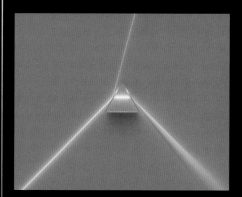

▲ 수세기 동안 과학자들은 빛을 이해하기 위해 프리즘을 사용했다. 이 프리즘은 가시광선이 무지개 색으로 확산되는 것을 보여 준다.

◀ 자외선 회화라는 말을 들어보았는가? 이 이미지는 자외선 조명을 밝힌 상태에서 일반 가시광선 카메라를 사용해 촬영한 것이다. 이렇게 하면 형광 물질로 그린 그림을 볼 수 있다.

자외선 형광

자외선의 또 다른 흥미로운 특성은 특정 화학 반응을 일으킬 정도로 강력하다는 것이다. 자외선을 조사했을 때 빛나는, 즉 '형광을 발하는' 화학 작용도 여기에 포함된다. 형광을 발할 수 있는 물체는 다양하게 존재하지만 대부분 일정한 원자 특성을 공유한다. 여기에는 원자의 구조가 고정되어 있고 두 개 이상의 원자 궤도를 돌 수 있다는 점도 포함된다. 형광 염색을 했든 천연적으로든, 일상적으로 사용되는 물질 중 다수가 이러한 유형의 분자를 포함하고 있다. 화이트 페이퍼, 부동액, 세탁용 세제, 그리고 바위와 광석에서 발견되는 특정한 무기질이 이러한 예에 속한다.

형광 작용을 일으키는 까닭에 자외선은 과학 범죄 조사 분야에서 매우 유용하다. 혈액이나 침 등 특정한 체액은 에너지가 높은 자외선을 조사했을 때 그 흔적을 드러낸다. 체액이 어떤 색의 표면에 묻었든, 어떤 형태로 발견되었든 상관없이 말이다. 이러한 특성을 이용해 수사관들은 인간의 눈에는 보이지 않는 증거를 찾을 수 있다. 같은 맥락에서 호신용 스프레이 중에는 자외선 염료를 포함하고 있는 것이 있다. 범인이 이 스프레이를 맞으면 사건이 일어난 지 한참 뒤에도 형광 염료가 남아 있어 쉽게 식별할 수 있다.

자외선은 위조와 보안 사기 같은 범죄를 예방하는 데도 도움이 된다. 새로 발행된 신용카드, 운전면허증, 여권, 화폐, 기타 공식 서류를 자세히 살펴보면 대부분 자외선 워터마크를 찾을 수 있다. 자외선으로 조사했을 때만 제대로 된 모습이 드러나는 이 작은 상징들은 이러한 서류를 위조하거나 명의도용을 시도하는 사람들에 대항하여 보호책을 제공한다.

▲ 이 이미지에서 위쪽은 우리가 흔히 가시광선 아래에서 5유로짜리 지폐를 봤을 때의 모습이고, 아래쪽은 자외선 A를 조사했을 때의 모습이다. 이 지폐에는 워터마크에서 홀로그램까지, 다양한 위조 방지 장치가 되어 있다.

자외선 시각

자외선은 가시광선 영역 가운데 보라색 바로 너머에 위치하므로 인간은 대부분 육안으로는 자외선을 감지할 수 없다. 그 예외인 무수정체aphakia에 대해서는 아래에 설명했다. 반면 다른 동물과 곤충 중에는 자외선을 감지할 수 있는 종도 있다. 다양한 과일과 꽃, 씨앗 중 다수가 가시광선 아래에서 보다 자외선 아래에서 더 확실하게 배경과 구분된다. 따라서 뒤영벌 같은 곤충들은 자외선 빛에 대한 감수성을 지닌 수용체가 발달했다. 실제로 나비의 한 종류인 알팔파 나비는 자외선을 의사소통 체계로 사용한다. 알팔파 나비 암컷은 자외선을 흡수하는 무늬를 지녀 짝짓기 상대인 수컷을 유혹할 수 있다.

▶ 많은 연구가들은 나비가 곤충 가운데 가장 다양한 빛을 볼 수 있는 시각을 지녔다고 생각한다. 실제로 나비는 자외선 영역까지 볼 수 있다. 예를 들어 오른쪽 붉은우체부 나비는 눈에 자외선을 감지할 수 있는 특별한 광수용체를 지니도록 진화했다. 즉 자외선에 대해 감수성을 지닌 분자가 눈에 존재하는 것이다. 자외선 감수성 덕분에 이 나비는 식물의 다른 부분과 꽃을 식별하여 먹이가 되는 꿀을 찾는 것은 물론 같은 종의 다른 나비를 알아볼 수 있다. 이 독특한 식별 메커니즘 덕분에 붉은우체부 나비는 짝짓기 대상을 쉽게 찾을 수 있다.

무수정체 ◢

렌즈와 각막은 실제로 인간의 눈으로 들어오는 모든 자외선을 차단한다. 하지만 망막에는 광수용체라는 것이 있는데, 이는 가시광선의 보라색과 가장 가까운 영역, 즉 근자외선에 대한 감수성을 지녔다. 하지만 무수정체의 경우 이러한 광수용체들이 활성화되기도 한다. 무수정체는 눈에 렌즈 역할을 하는 수정체가 없는 증상을 말하며, 이 경우 근자외선을 감지할 수 있는 사람도 있다. 이들에게 자외선은 옅은 청색이나 옅은 보라색으로 보인다. 유명한 인상주의 화가 클로드 모네가 82세에 백내장 수술을 받았을 때 무수정체가 생겼다는 의견을 내놓은 보고서도 있다. 그로 인해 모네가 다른 사람은 볼 수 없는 자외선을 추가적으로 볼 수 있었다는 것이다.

◀ 인간의 눈은 지구의 특정한 조건에 맞게 발달했다. 즉 가시광선을 이용하고 에너지가 많은 자외선을 차단하는 방식이다. 하지만 무수정체라는 증상을 가진 사람은 근자외선을 볼 수도 있다.

◀ 왼쪽 이미지는 벌들이 식물과 식물 사이를 오가며 꽃가루를 뿌려 식물의 생식을 촉진하는 모습이다. 뒤영벌은 자외선을 감지할 수 있는 감각 기관을 지닌 덕에 꽃을 쉽게 찾을 수 있다. 예를 들어 위쪽 이미지에 있는 루드베키아 꽃은 인간의 눈에 단순히 노란색 꽃잎을 지닌 것처럼 보인다. 하지만 이 꽃이 무리로 핀 곳에 다가갔을 때 벌의 눈에는 꽃잎이 어둡게 보인다. 그 결과 벌은 꿀이 있는 지점을 표적 삼아 정확하게 갈 수 있다.

◀ 순록은 포유류 가운데 드물게 자외선을 감지할 수 있는 종이다. 이들은 대지가 눈으로 덮여 반사되는 자외선 양이 많은 북쪽으로 이동하는 습성을 지녔고, 그 과정에서 자외선에 반응하게 진화했을 가능성이 높다. 순록의 소변과 이끼 모두 자외선을 흡수한다. 따라서 자외선을 감지할 수 있는 이들의 눈에는 소변과 이끼가 눈이나 얼음 위에서 어둡게 보여 확실하게 구분할 수 있을 것이다. 순록은 이끼를 주식으로 삼는 만큼 이는 상당히 신빙성이 있어 보인다. 하지만 소변은 왜 자외선을 흡수하는 것일까? 눈이나 얼음으로 뒤덮인 환경에서 소변 자국을 탐지할 수 있다면 주변에 포식자가 있다는 경고를 남기거나 짝짓기 대상을 찾는 단서가 될 수 있기 때문인 것으로 추정된다.

브라이트 화이트와 블랙 라이트

세탁용 세제 제조사들은 형광체라는 화학 합성물을 제품에 많이 첨가한다. 형광체는 자외선을 받았을 때 푸르스름한 백색으로 빛나 흰 옷을 더 하얗게 보이게 만들 수 있기 때문이다. 바로 이런 이유로 세제뿐 아니라 섬유유연제와 다른 유사 제품들에도 형광체가 사용된다. 세제로 세탁한 뒤 물로 헹궈도 옷에 이러한 형광체의 잔여물이 남아 자외선 아래에서 빛나는 것처럼 보인다.

이제 자외선과 형광체를 이용한 것 중 독특한 사례를 소개할 것이다. 바로 블랙 라이트다. 클럽 파티나 핼러윈에 집 장식용으로 각광 받는 블랙 라이트는 실제로 흥미로운 테크놀로지의 한 부분이다. 하지만 그에 앞서 블랙 라이트와 매우 흡사하지만 화려한 형태를 지닌 형광 조명의 작용 방식을 알아보자.

수은은 액체에서 기체로 변할 때 주로 자외선을 발산한다. 이러한 현상을 이용한 것이 형광 전구다. 우선 관 안에 소량의 수은을 함유한 기체를 넣는다. 그런 다음 전류를 흘려보내면 전류가 수은에 닿으며 빛이 발산되는 것이다. 기본적인 형광 빛을 효과적인 조명 수단으로 만들기 위해 제조사들은 관 안을 또 다른 형태의 형광체로 코팅한다. 이 코팅은 자외선을 받으면 그에 대한 반응으로 가시광선을 발산하는 기능을 한다.

반면 블랙 라이트는 그 반대의 작용을 하는 물질로 코팅을 한다. 즉 관을 통과하는 자외선의 양을 늘리는 것이다. 또한 소량이라도 생성될 수 있는 가시광선을 차단하기 위해 어두운 청색으로 코팅하고, 그 결과 더욱 강력한 시각적 효과를 만들어 낸다.

▶ 전갈은 집게발과 독침까지 가지고 있는 야행성 동물이다. 그냥 보기에도 무시무시하게 생겼지만 자외선을 받으면 빛나기까지 한다. 전갈은 왜 형광을 띠는 것일까? 아직까지 전갈을 연구하는 과학자들 사이에서 확실히 일치된 견해는 없다. 먹잇감을 현혹하기 위해 필요하다는 것에서부터 형광이 일종의 자외선 차단제 역할을 하거나 다른 전갈의 위치를 추적하는 기능을 한다는 것까지 다양한 설이 제기되었다. 하지만 이 중에서 아직까지 증명된 것은 없으며 논리상 수많은 허점이 존재한다. 그보다는 달에 반사되는 자외선에 반응하도록 진화했다는 설이 가장 설득력 있다.

자외선 A, B, 그리고 C

인간은 적외선 및 기사광선과 똑같은 광원으로부터 자외선을 주로 얻는다. 바로 태양이다. 다른 유형의 빛과 마찬가지로 자외선은 논의되는 주제나 사용되는 분야에 따라 하위 부류로 세분화할 수 있다.

앞서 언급했듯이 자외선은 파장에 따라 근자외선, 원자외선, 극자외선으로 나뉜다. 또한 자외선은 인간의 건강에 미치는 영향에 근거하여 분류되기도 한다. 이러한 기준으로 봤을 때 자외선 A는 에너지가 낮고 인간에게 대체로 해가 없는 자외선을 말한다. 또한 피부 손상을 일으킬 수는 있지만 일광화상의 위험은 낮다. 자외선 B는 일광화상의 주된 요인이며, 결국 피부암의 원인이 된다. 또한 자외선 지수가 높아지게 만드는 영역에 해당한다. 다행히 지구의 대기층은 가장 에너지가 높고 지구 생명체에 가장 해로울 수 있는 자외선 C를 거의 차단한다. 일반적인 유리의 경우 자외선 A는 통과시키지만 자외선 B와 C는 차단한다. 이 때문에 창문을 통해 햇빛을 쏘이면 일광화상을 입을 위험이 크게 줄어 안전하게 햇볕을 쐴 수 있다.

오존은 산소 원자 세 개로 구성된 분자(O^3)이며, 오존이 모여 있는 오존층은 해발 20~30킬로미터 상공에 존재한다. 오존은 특히 유해한 자외선을 효과적으로 차단한다. 하지만 매년 남극 대륙의 오존층이 얇아지고 있는데다 여기에 '구멍'까지 생겼다. 1970년대 후반 처음 그 존재가 발견된 이후 오존홀은 점점 커지고 있으며 그 원인으로는 염화불화탄소, 즉 프레온 가스CFCs가 지목되고 있다. 이는 스프레이 캔, 냉장고, 에어컨에 사용되는 물질이다. 그 이후 대부분의 국가에서는 프레온 가스의 사용을 금지하고 있지만 오존홀은 남극대륙 상공에 여전히 존재한다. 다행히 거주 인구가 거의 없는 지역이긴 하지만 때로 확장되어 남반구의 인구 밀집 지역까지 떠다니며 그곳에 사는 사람들에게 실제로 해를 입히기도 한다. 자외선 복사의 많은 부분은 해양 플랑크톤과 다른 미세 유기체에 위험 요인이 되어 지구 생태계 전체를 교란시킬 수 있다.

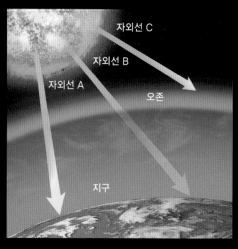

▲ 태양이 만들어 내는 자외선 중 지구 대기권의 보호막인 오존층을 통과하는 것은 채 5퍼센트도 되지 않는다. 그리고 그 대부분은 자외선 A이며, 일부 자외선 B도 오존층을 통과하여 지구 표면에 도달한다.

▲ 흰색을 더 하얗게 만드는 방법은 없을까? 이 사진은 액체 세탁용 세제를 촬영한 모습이다. 위의 것은 가시광선을 조사했을 때, 아래는 자외선을 조사했을 때의 모습이다. 많은 제조사가 액체 세제에 형광체를 첨가한다. 이런 세제를 사용해서 수건과 의류를 세탁하고 나면 태양광 중 자외선을 조금이라도 쪼였을 때 섬유에서 빛이 나고, 그 결과 더 하얗게 보인다.

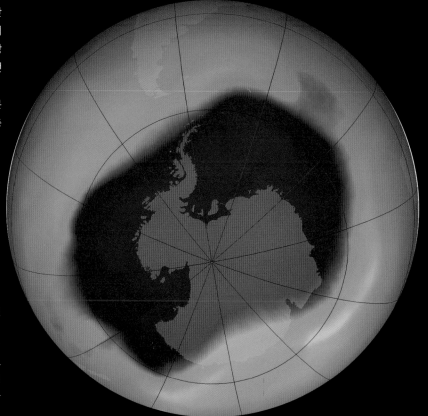

▶ 이 이미지는 2006년 9월, 나사의 인공위성이 남극 상공을 관찰한 것이다. 이때 오존층은 관찰을 시작한 이래 가장 커진 상태였다. 여기에서 녹색과 노란색으로 표시된 곳은 오존층이 가장 두꺼운 지역을, 보라색과 푸른색으로 표시된 곳은 오존층이 가장 얇은 지역을 의미한다.

형광

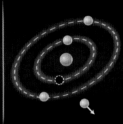
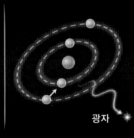

광자

핵

전자

광자

▲ 어떤 물체가 에너지를 지닌 광자를 흡수하면 그보다 에너지가 낮은 광자를 한 개 내지 두 개 재방사한다. 전자의 경우 파장이 짧은 빛을 말하고, 후자의 경우는 파장이 긴 빛을 말한다.

과학자들은 어떤 물체가 빛을 흡수한 뒤 다시 방사하는 작용을 '광루미네선스 photoluminescence'라고 부른다. 그중에서도 원자로 빛이 유입된 지 몇 초 뒤에 재복사가 일어날 경우 인광phosphorescence이라 부르고, 즉시 또는 1초 미만의 짧은 시간 뒤에 새로 획득된 빛을 내보낼 경우 형광fluorescence이라고 부른다.

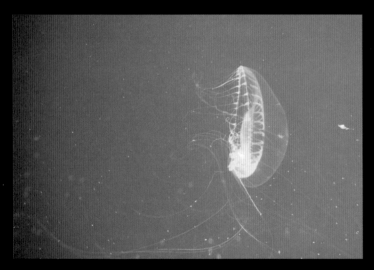

▲ 이 크리스털 해파리는 형광을 발하며, 그중에서도 발광하는 종이다(발광의 다른 형태에 대해서는 제4장을 참조하라). 크리스털 해파리는 특히 녹색의 형광 단백질GFP을 지니고 있다. 20세기 중반, 크리스털 해파리에서 발견된 이후 GFP는 실명에서 당뇨까지 생물의학 분야의 모든 연구에서 중요한 도구가 되었다. 과학자들은 세포 내 다양한 단백질에 GFP를 부착하여 해를 끼치지 않으면서도 어둠 속에서 빛나는 '태그tag', 즉 표식자로 사용할 수 있다. 이렇게 하면 특정한 단백질의 활동을 확인할 수 있다(다른 방법으로는 극도로 어려웠을 것이다). 주의할 점은 이 사진에서 해파리가 빛을 내는 것은 생물 형광이 아니라 해파리 몸 구조에 반사된 카메라 플래시 때문이라는 사실이다. 일반적으로 해파리는 자극을 받았을 때만 빛이 난다.

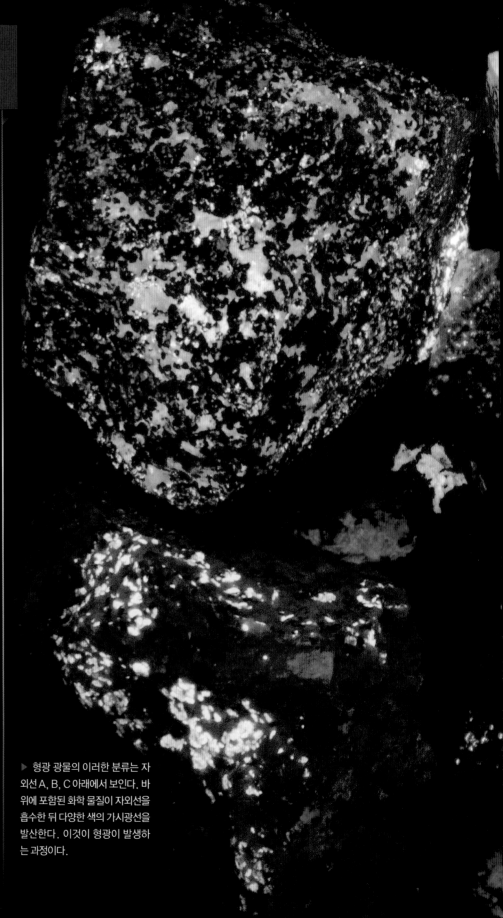

▶ 형광 광물의 이러한 분류는 자외선 A, B, C 아래에서 보인다. 바위에 포함된 화학 물질이 자외선을 흡수한 뒤 다양한 색의 가시광선을 발산한다. 이것이 형광이 발생하는 과정이다.

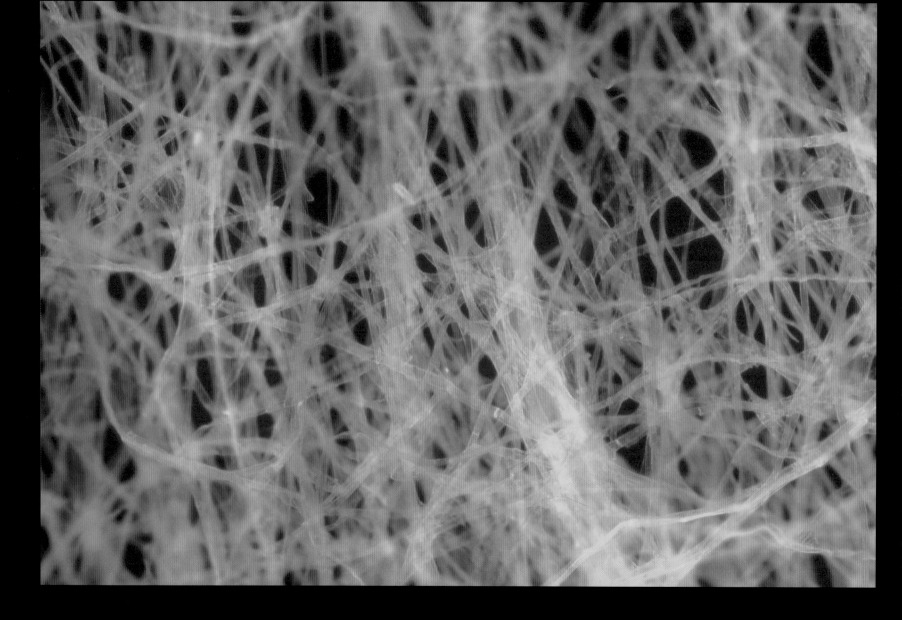

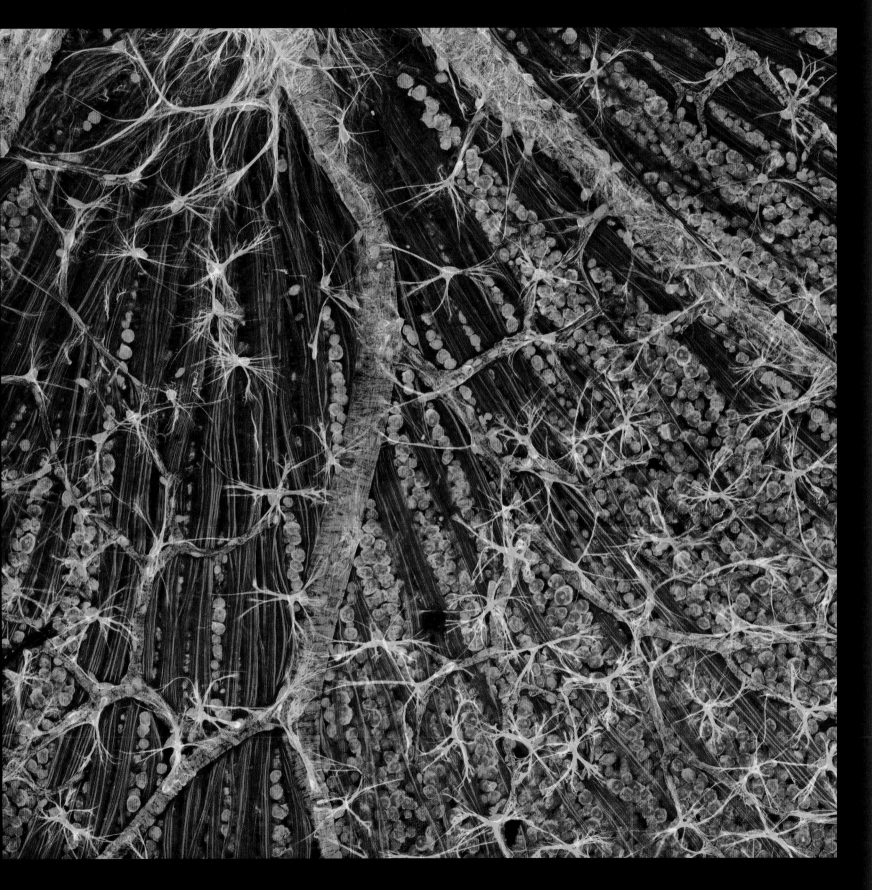

◉ 스펙트럼을 확장하다: 형광

　형광은 실생활에서도 중요한 용도로 응용된다. 현미경 관찰 방법에는 다양한 기술이 있고, 이러한 기술들은 형광을 조사했을 때 모습을 드러내는 특정한 생물체를 이용한다. 이를 통해 과학자들은 자신이 연구하는 다양한 대상을 더 확실하게 구분할 수 있다.

　우리는 일반적으로 형광을 가시광선과 연관시킨다. 하지만 형광은 다양한 유형의 빛에서 일어나는 반응이다. 블랙홀 주변의 환경을 예로 들 수 있다. 흔히 블랙홀이 주변의 모든 것을 빨아들인다고 알려져 있지만 실제로는 주변을 돌고 있는 수많은 물질을 뱉어낸다. 블랙홀은 너무나도 강력해서 배출된 물질은 온도가 수백만 도까지 올라가고 엑스선을 복사하며 빛난다. 그 원리는 다음과 같다. 고에너지 입자, 즉 뿜어져 나온 엑스선은 충돌과 동시에 원자로부터 최내각 에너지 준위, 즉 높은 에너지를 지닌 전자가 유리되게 만든다. 그 결과 원자의 상태가 불안정해지고 그 즉시 이 원자가 지닌 에너지는 최외곽 에너지 준위 전자 수준으로 감소한다. 이때 해당 원자 고유의 에너지 특성을 지닌 엑스선을 방출하는 것이 바로 엑스선 형광이다. 과학자들은 엑스선 망원경으로 이러한 현상을 연구함으로써 우주에서 가장 이국적인 물체인 블랙홀 주변의 환상적인 환경을 이해하고자 한다.

▶ 성상세포astrocyte는 척수와 뇌에서 발견되는 별 모양 세포다. 실제로 이 세포들은 인간의 뇌에서 가장 많은 수를 차지한다. 이 이미지에서 성상세포 각각의 핵은 푸른색으로 염색되었고 세포를 채우고 있는 액체인 세포질은 녹색으로 염색되었다. 이 이미지를 촬영하기 위해 면역형광법이 사용되었다. 면역형광법은 세포 내 특정 조직과 분자에 형광 염료를 부착하기 위해 항체를 사용하는 염색 기법이다.

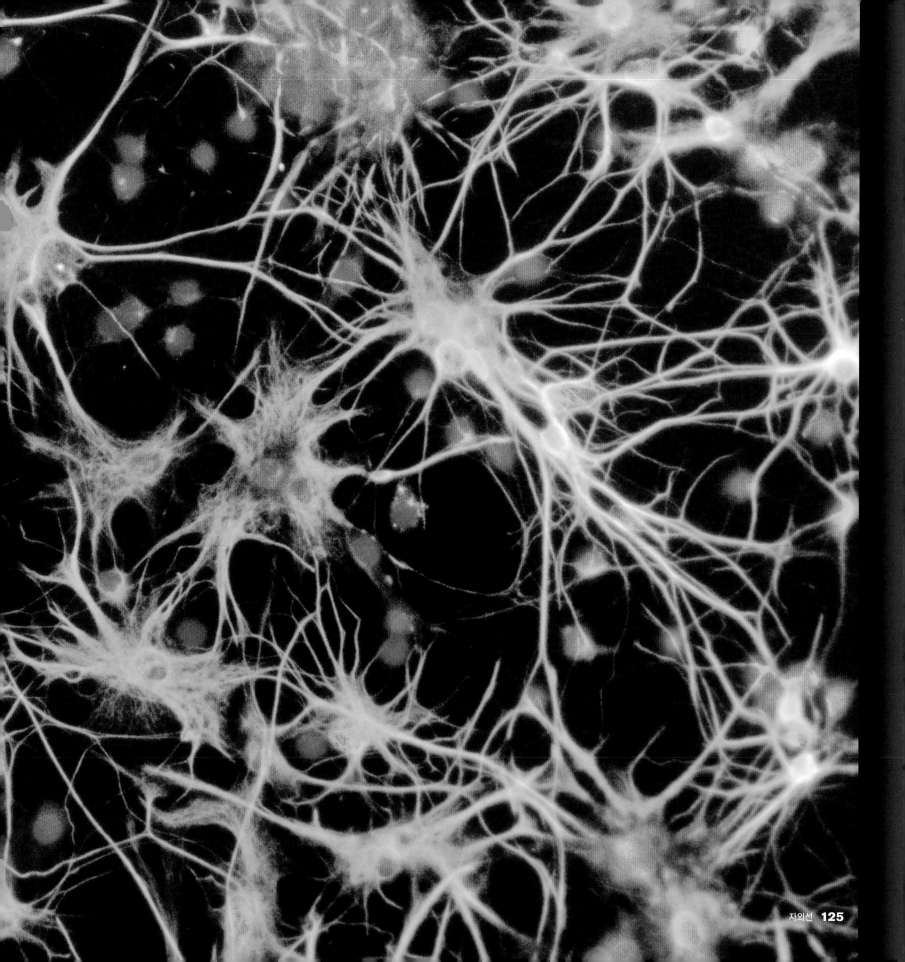

◉ 스펙트럼을 확장하다: 형광

▶ 이 이미지는 블랙홀이 그 주변을 공전하는 항성으로부터 물질을 끌어당기고, 그로 인해 원반이 형성되는 것을 묘사하고 있다. 블랙홀 주변의 초고온 가스가 만들어 내는 엑스선이 블랙홀에서 멀리 떨어진 차가운 기체 및 먼지의 전자와 충돌하면 엑스선 형광이 일어날 수 있다.

우주를 가로질러

항성은 다른 유형의 복사와 더불어 자외선도 발산한다. 지구와 가장 가깝고 가장 소중한 항성인 태양도 마찬가지다. 나이가 어린 별일수록 많은 자외선을 복사하므로 과학자들은 특수 망원경을 사용하여 우주 전역의 항성이 내뿜는 자외선을 탐지한다. 약 50억 살인 우리의 태양은 너무 어리지도, 늙지도 않은 항성이므로 아직도 엄청난 양의 자외선을 발산한다.

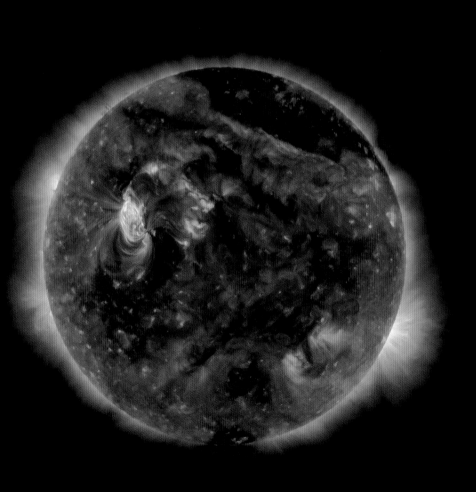

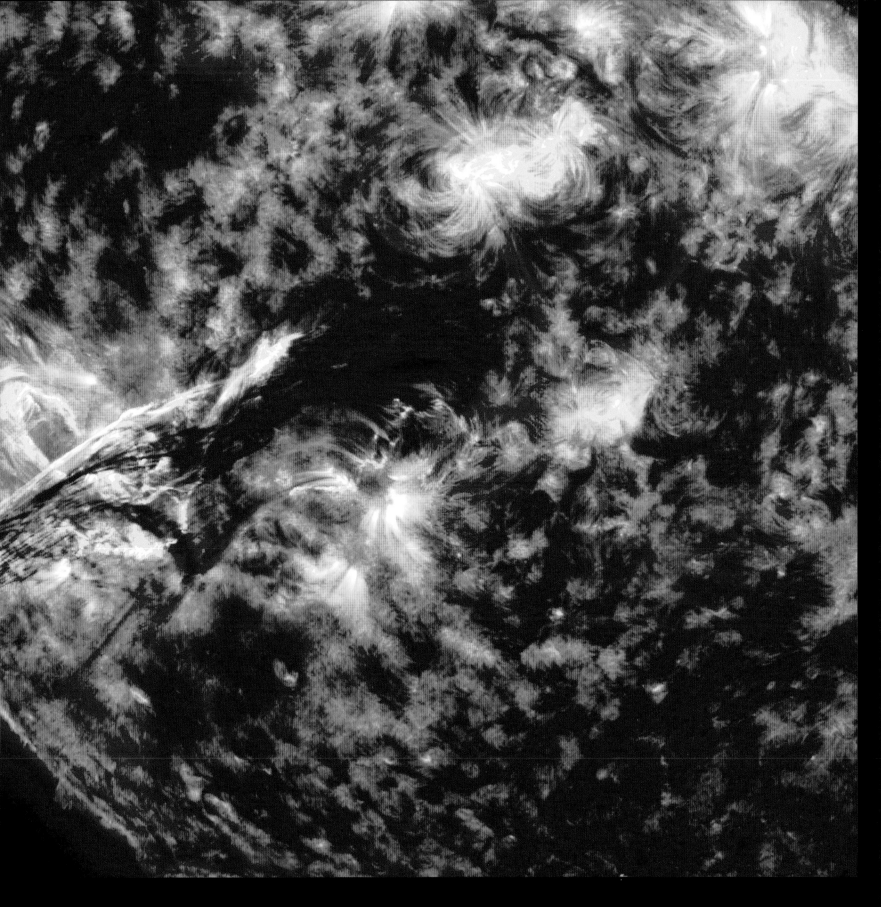

◀ 과학자들은 카시니 스페이스 미션에서 자외선 탐지 장비를 사용하여 토성을 구성하는 가스를 관찰했다. 각기 다른 색은 각기 다른 가스의 종류를 의미하며, 이 모든 가스가 모여 궁극적으로 토성 전체를 구성한다.

▶ 거대 항성은 더 이상 소모할 연료가 없어지면 폭발을 일으킨다. 이 백조자리망상 성운의 자외선 이미지는 5천여 년 전에 폭발한 항성의 잔해를 보여 준다. 자외선으로 빛나는 가스와 먼지 필라멘트들은 그 폭발이 일어나는 동안 생성된 충격파에 의해 가열된 상태에서 여전히 더 먼 곳으로 이동하고 있다.

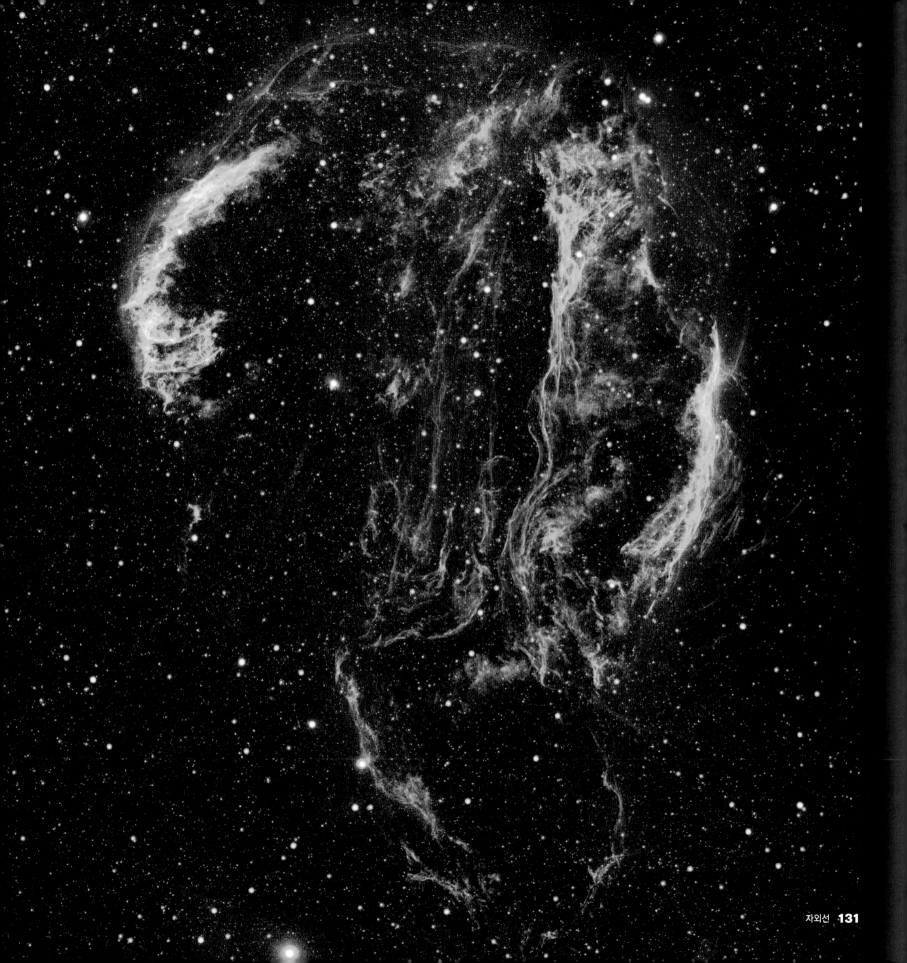

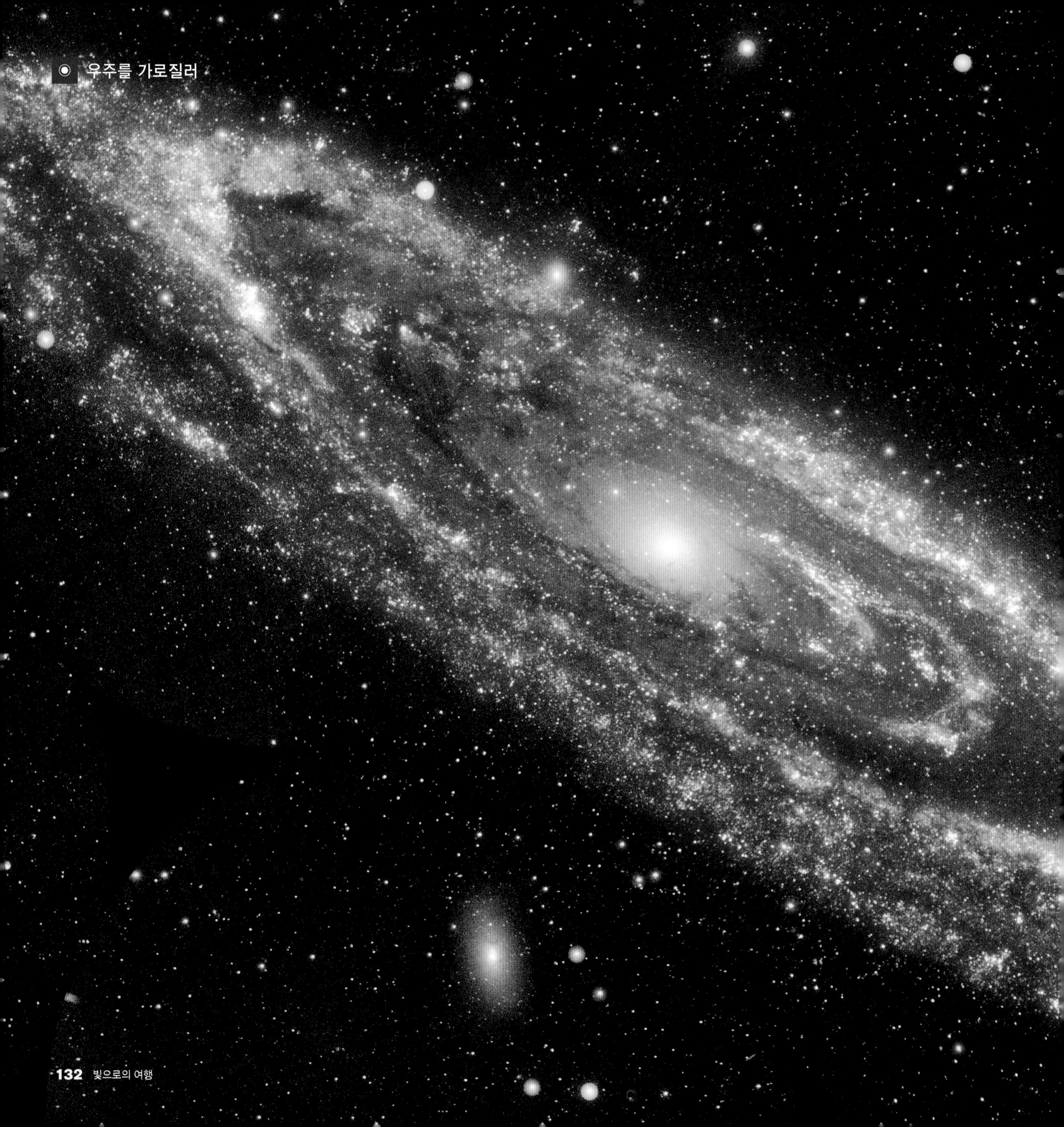

◀ 바람개비 은하라는 별칭으로도 불리는 M101은 지구에서 2천1백만 광년 떨어진 곳에 위치한 나선형 은하다. 이 이미지는 네 가지 빛이 혼합된 것이며, 각각 분리해서 색으로 표시한 이미지는 아래와 같다. 노란색은 가시광선, 보라색은 엑스선, 붉은색은 적외선, 푸른색은 자외선이다. 나사의 갤렉스GALEX 미션이 촬영한 이 자외선 이미지는 어린 별의 모습을 보여 준다. 이는 오로지 자외선으로만 볼 수 있는 것이다.

◀ 안드로메다는 태양계가 속한 은하와 가까운 곳에 위치한 나선형 은하다. 하지만 천문학자들은 그와 다른 구조를 찾기 위해 자외선을 이용하기도 한다. 이 이미지에서 푸른색을 띤 부분은 특정한 주파수대의 자외선이고, 이는 나선팔 부분에 있는 반짝이는 어린 별들이 뿜어내는 빛이다. 주황색을 띤 부분은 또 다른 주파수대의 자외선이며, 이는 안드로메다 은하 중심부에 있는 나이 많고 온도가 낮은 항성들을 나타낸다.

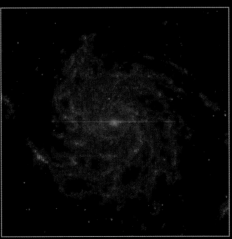

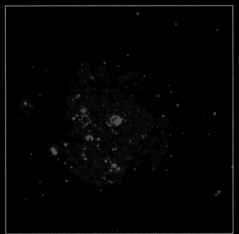

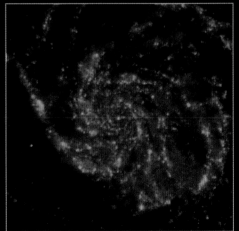

6

엑스선

인간의 눈에는 보이지 않는 빛 가운데 하나지만 엑스선은 놀라울 정
도로 많은 것을 우리에게 보여 준다. 관통하는 능력을 지닌 엑스선 덕
분에 인간은 투명하지 않은 물체까지 들여다볼 수 있다.

한 눈에 보는 엑스선

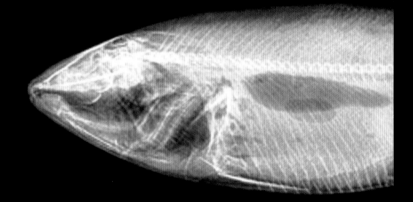

파장(센티미터): $10^{-6} \sim 10^{-9}$
규모: 원자
주파수Hz: $3 \times 10^{16} \sim 3 \times 10^{19}$
에너지eV: $10^2 \sim 10^5$
지구 표면 당도 여부: 도달하지 않는다.
과학 장비: 나사의 찬드라 엑스선 망원경, 치과 엑스선 촬영기

엑스선에 대한 요점 정리

⊙ 수백만 도의 초고온을 지닌 물체로부터 생성된다.
⊙ 엑스선의 광자는 가시광선의 광자보다 수백, 수천 배 높은 에너지를 지니고 있다.
⊙ 지구상의 다양한 물질을 관통할 수 있지만 우주에서 유입되는 엑스선은 지구 대
  기층에 의해 흡수된다.

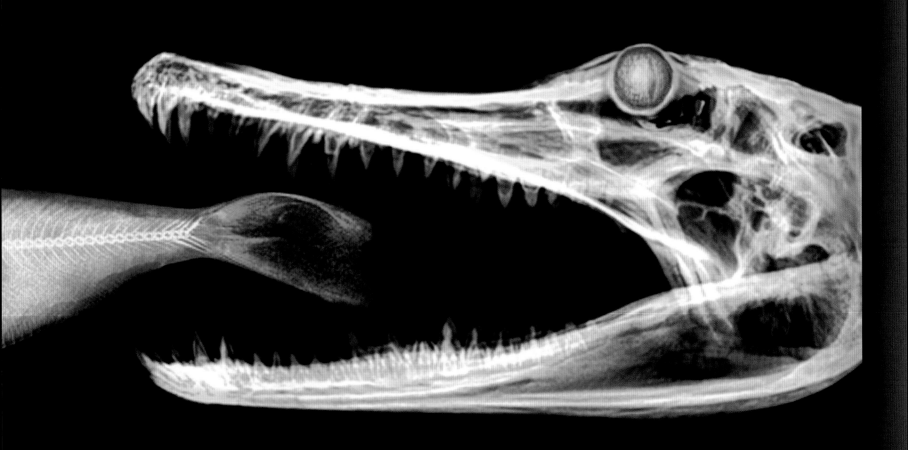

엑스선은 인간이 볼 수 없는 유형의 빛이므로 인간의 눈에 보이는 '원래 색'이란 없다. 엑스선을 색으로 표시해야 할 경우 과학 프로그램이나 그래픽 시각화 프로그램에 그와 관련한 추가 정보를 더해야 한다. 앨리게이터와 생선의 모습을 담은 이 엑스선 이미지는 각각 촬영된 두 장의 엑스선 이미지를 인위적으로 합성하고 두 생물을 차별화하기 위해 가색을 입힌 것이다.

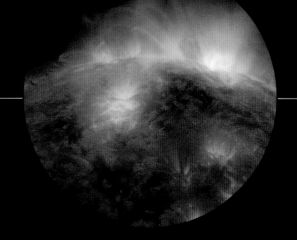

◁ 우리의 태양은 다양한 유형의 빛을 발산한다. 그 가운데서도 에너지가 매우 높은 엑스선을 연구함으로써 과학자들은 태양 표면의 차갑고 어두운 부분인 흑점이 어떻게 작용하는지를 더 많이 밝힐 수 있다. 나사의 미션 두 군데서 보내온 이 이미지에서 푸른색과 녹색 부분은 온도가 극도로 높은 16만 6,649℃ 이상인 고압가스를 엑스선 촬영한 것이고, 붉은색은 온도가 약 55만 5,538℃인 물질을 자외선으로 촬영한 모습이다.

일상 속의 엑스선

기존의 엑스선은 물론 CT와 MRI까지 의학용 엑스선 영상 기술이 발달한 덕에 인간은 더 향상되고 덜 침해적인 의료 서비스를 받을 수 있게 되었다. 또한 일부 공항에서는 엑스선 촬영기를 사용하여 수하물과 탑승객을 스캔한다.

엑스선을 발견한 인물이라고 하면 대부분 1895년에 태어난 독일 물리학자 빌헬름 뢴트겐Wilhelm Röntgen을 꼽는다. 사실 뢴트겐은 우연히 엑스선을 만들어 낸 것으로 보인다. 기체를 채운 관에 전자빔을 통과시키는 실험을 하던 중 뢴트겐은 전자가 지나갈 때마다 관 뒤쪽의 형광 스크린이 빛난다는 사실을 발견했다. 에너지가 매우 높은 빛이라는 사실을 제외하고 그것이 무엇인지 전혀 알 수 없었기 때문에 뢴트겐은 자신이 발견한 것을 엑스 복사 X-radiation라고 불렀다. 훗날 그는 사진 건판을 사용해서 실험을 했고 마침내 인간의 신체 이미지를 촬영했다. 그리고 이것이 현대의 엑스선 촬영이 되었다. 하지만 엑스선이 인체에 해로운 영향을 미친다는 사실을 알게 된 것은 그로부터 몇십 년이 지난 뒤였다.

◁ 1895년, 독일 물리학자 빌헬름 뢴트겐은 빛과 전류를 채운 유리관으로 실험을 하던 중 엑스선을 발견했다. 그는 이 새로운 형태의 빛을 조사하는 데 많은 세월을 보냈고, 성질이 알려지지 않았다는 사실을 상징적으로 표현하기 위해 '엑스선'이라는 이름을 붙였다. 그는 자신이 최초로 발견한 빛에 자신의 이름을 붙이지 않았지만 후대 과학자들은 방사능을 측정할 때 사용하는 단위로 뢴트겐을 사용한다.

▷ 바닷가재를 먹어본 사람이라면 단단한 껍질을 깨기가 얼마나 힘든지 알 것이다. 하지만 엑스선은 그 껍질을 통과하여 안에 있는 것을 볼 수 있게 해 준다.

마리 퀴리Marie Curie

마리 퀴리는 1867년 폴란드에서 태어난 물리학자이자 화학자다. 그는 성인이 된 뒤 대부분의 시간을 프랑스에서 보냈고 1934년 그곳에서 사망했다. 1903년, 마리 퀴리는 연구 동료이자 남편인 피에르 퀴리Pierre Curie, 그리고 또 다른 동료 앙리 베크렐Henri Becquerel과 함께 노벨상을 수상했다. 그로부터 3년 뒤, 피에르가 교통사고로 사망했지만 마리는 연구를 계속했고 1911년, 이번에는 화학 분야에서 노벨상을 수상했다. 방사능과 화학에 대한 노벨상 수상 연구 외에도 마리 퀴리는 제1차 세계대전 당시 프랑스 육군이 사용한 이동용 엑스선 장치를 개발한 공을 세웠다. 그는 전선에 있는 부대에서 엑스선 촬영을 하려면 차량을 어떻게 개조하고 각 차량에 어떤 장비를 설치해야 하는지를 개발했다. 1917년과 1918년, 이 차량 부대 덕분에 1백만 명 이상의 부상병이 엑스선 촬영의 혜택을 받았다.

치과, 병원, 그리고 공항

뢴트겐이 엑스선을 발견한 지 1백 년이 조금 넘었지만 우리는 치과 치료를 받을 때나 갑작스레 응급실에 갔을 때 여전히 엑스선을 접한다. 의료용 엑스선 기기는 기본적으로 두 부분으로 구성된다. 엑스선을 만들어 내는 조사기와 엑스선을 감지할 수 있는 카메라, 필름 등의 장치가 된 촬영기다. 인체 내부의 골격 가운데 한 부분을 들여다보고 싶을 때 그 부분을 조사기와 촬영기 사이에 놓는다.

뼈는 근육 조직보다 밀도가 높기 때문에 통과하지 못하는 엑스선이 더 많다. 피부와 혈액은 밀도가 떨어지므로 엑스선이 쉽게 통과한다. 밀도가 높은 뼈는 적은 양의 엑스선을 통과시키므로 그 뒤에 있는 필름에 그림자를 만든다. 골절 등 뼈에 개방된 부분이 있으면 전체적으로 어둡게 보이는 뼈 중간에 더 밝은 선으로 드러날 것이다.

엑스선은 CT 스캔, 즉 컴퓨터 단층 촬영을 할 때도 사용된다. 이 진단 장비는 도넛 모양의 관 안을 환자가 누워 있는 침대가 천천히 통과하는 사이 엑스선 방사 장치가 관 주변을 회전하는 방식으로 작동한다. 엑스선 방사 장치가 한 바퀴 돌고 나면 컴퓨터가 평면 이미지를 재구성한다. 이렇게 단층을 촬영한 이미지들이 모여 최종적으로 인체 내의 특정 부위에서 어떤 변화가 일어나고 있는지를 보여 주는 삼차원 영상이 만들어진다.

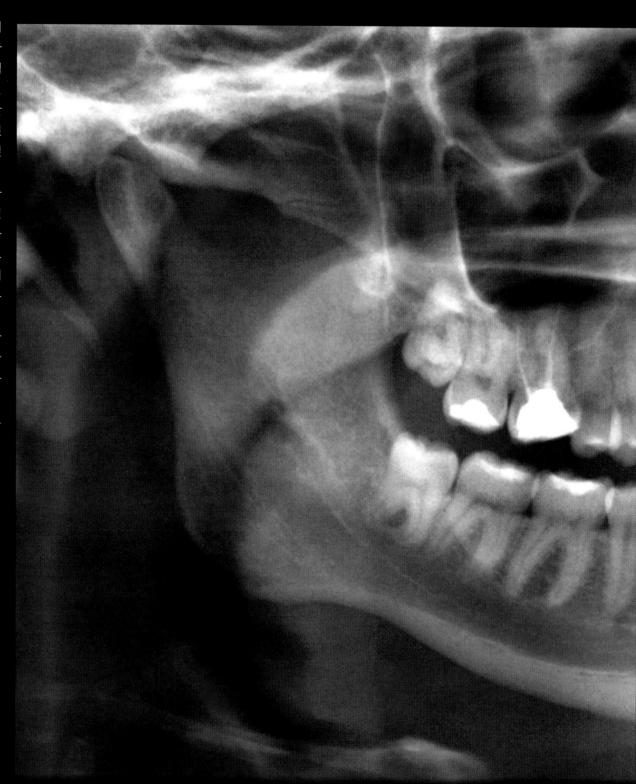

▶ 엑스선은 영구치를 촬영할 때처럼 침해가 적은 방식으로 인체 내부를 보는 데 사용된다. 치과 엑스선 이미지에서 밝은 점은 충전재인 경우가 많다. 충전재나 치아 내부의 어두운 음영은 대부분 충치를 나타낸다.

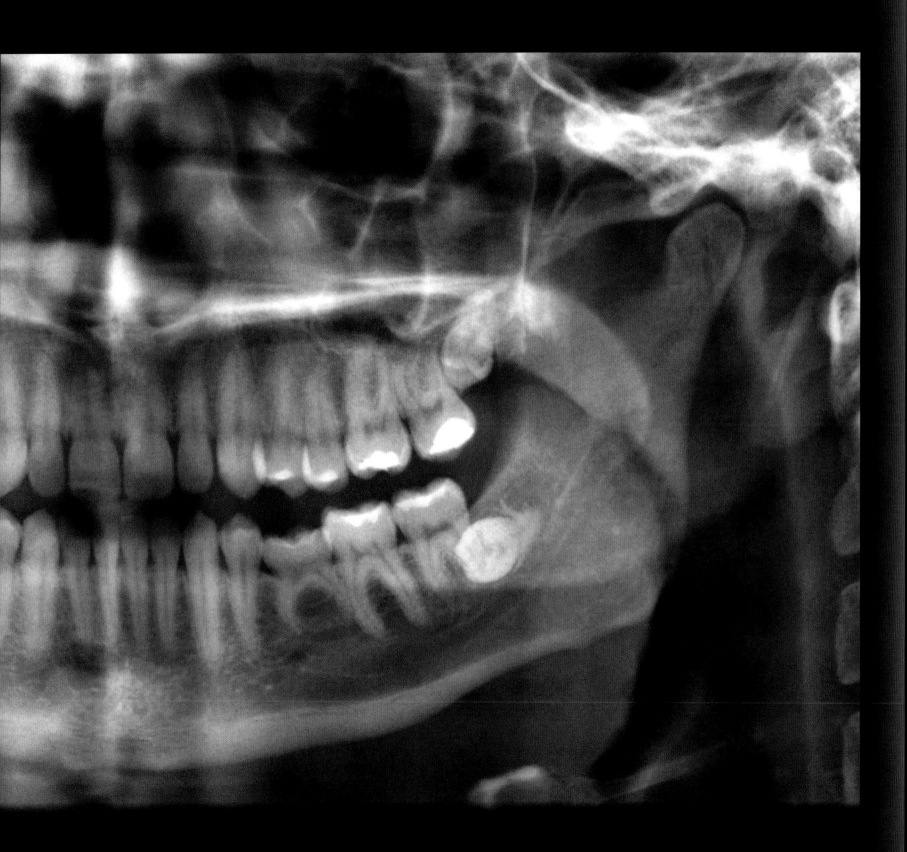

의사들은 엑스선을 다른 중요한 분야에서도 사용한다. 바로 암세포를 파괴하는 일이다. 엑스선은 감마선과 일부 자외선처럼 '이온화'를 일으키는 빛이다. 또한 매우 높은 에너지를 지니고 있으므로 비정상적인 세포의 분자 결합을 파괴할 수 있다. 엑스선은 소위 암 치료에 사용되는 방사선 요법에 활용되는 빛 중 한 가지다. 방사선 요법은 암세포를 죽이는 데 매우 효과적이지만 동시에 건강한 세포도 손상시킬 수 있어 매우 신중하게 사용되어야 한다.

의학적인 부분 외에도 사람들은 엑스선을 자주 접한다. 바로 공항 검색대를 통과할 때다. 많은 공항에서 보안을 목적으로 탑승객들에게 엑스선 스캔을 실시했지만 요즘은 중단하는 추세에 있다. 하지만 수화물 검사용으로는 여전히 자주 사용된다. 작동 방식은 다음과 같다. 탑승객이 움직이는 컨베이어벨트에 서류 가방이나 배낭을 올려 놓으면 엑스선 조사기가 있는 부분을 통과한다. 이렇게 조사된 엑스선은 가방을 통과한 뒤 감지기에 도달하고, 그런 다음 특수 필터를 통과한다.

이를 감시하는 검색대 직원은 수화물을 통과하는 엑스선의 수가 얼마나 많은지, 에너지가 얼마나 높은지를 비교해서 그 안에 무엇이 들어 있는지를 상세하게 알 수 있다. 예를 들어 엑스선 정보를 통해 안에 있는 물체가 유기물인지 무기물인지, 또는 금속인지 즉시 밝힐 수 있다. 금속 물체를 탐지할 수 있는 능력 덕분에 특히 일반 총기류나 폭탄을 쉽게 찾을 수 있다. 폭발물은 주로 질소와 산소 혼합물 등 유기물질로 만들어지기 때문에 공항 안전 요원들은 엑스선 스캔을 통해 이를 식별할 수 있어야 한다.

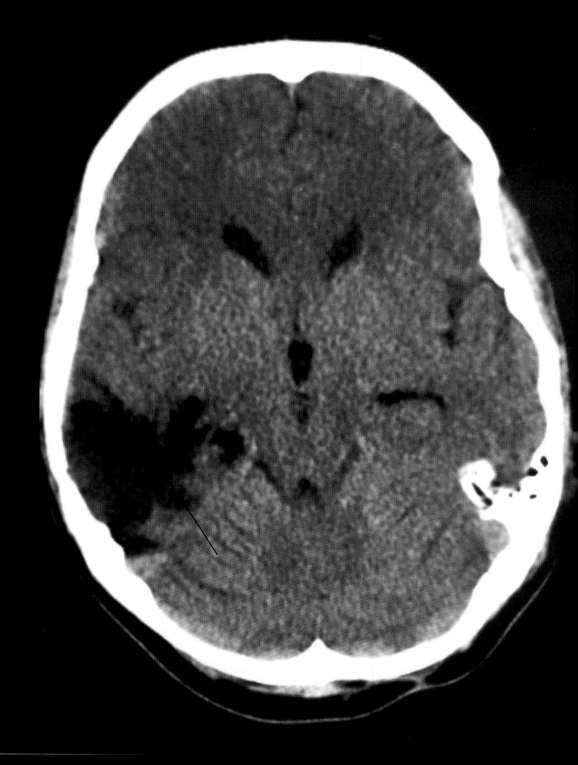

슈퍼맨의 엑스선 시야

아이들이나 어른들이 처음 엑스선을 알게 되는 계기는 아마도 슈퍼맨일 것이다. 총알보다 빠른 속도로 이동하는 등 수많은 초능력을 지녔지만 그중에서도 '슈퍼맨' 하면 가장 유명한 것이 바로 '엑스선 시야'일 것이다. 슈퍼맨이라는 캐릭터가 만들어진 것은 1930년대로, 엑스선이 발견된 지 얼마 되지 않았고 놀라운 것으로 여겨질 때였으므로 강철 사나이가 엑스선처럼 물체를 투과해서 볼 수 있는 능력을 지닌 것이 놀라운 일은 아닐 것이다. 아마도 슈퍼맨은 눈으로 엑스선을 보내서 건물 등을 투시할 수 있었을 것이다. 물론 물리학 법칙을 고려하면 그는 엑스선 빔 반대편에 감지기가 있어야 이미지를 잡아낼 수 있었겠지만 말이다. 하지만 과학 법칙만 따졌다면 그는 날지도 못했을 것이다.

▲ 환자 뇌의 엑스선 이미지 스캔은 의사에게 중요한 도구다. 부상의 범위를 파악하고 수술이 필요한지, 아니면 침해가 적은 방법의 처치로도 충분한지 결정하는 데 도움이 되기 때문이다. 상단의 CT스캔 이미지는 심각한 뇌 부상을 입은 지 몇 년 뒤에 촬영한 환자의 뇌 단층 사진이다. 여기에서 어두운 음영은 가장 심각한 손상이 발생한 곳이다.

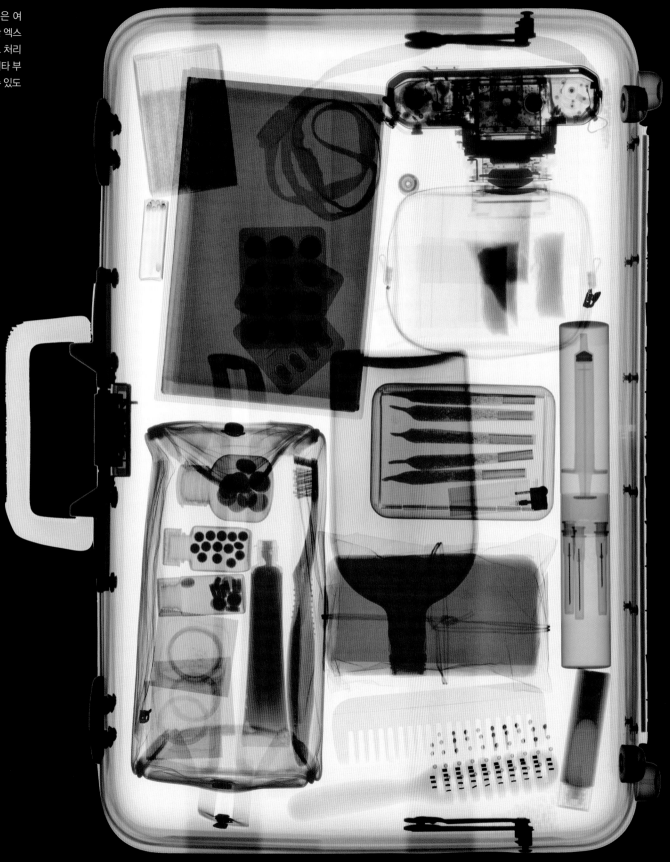

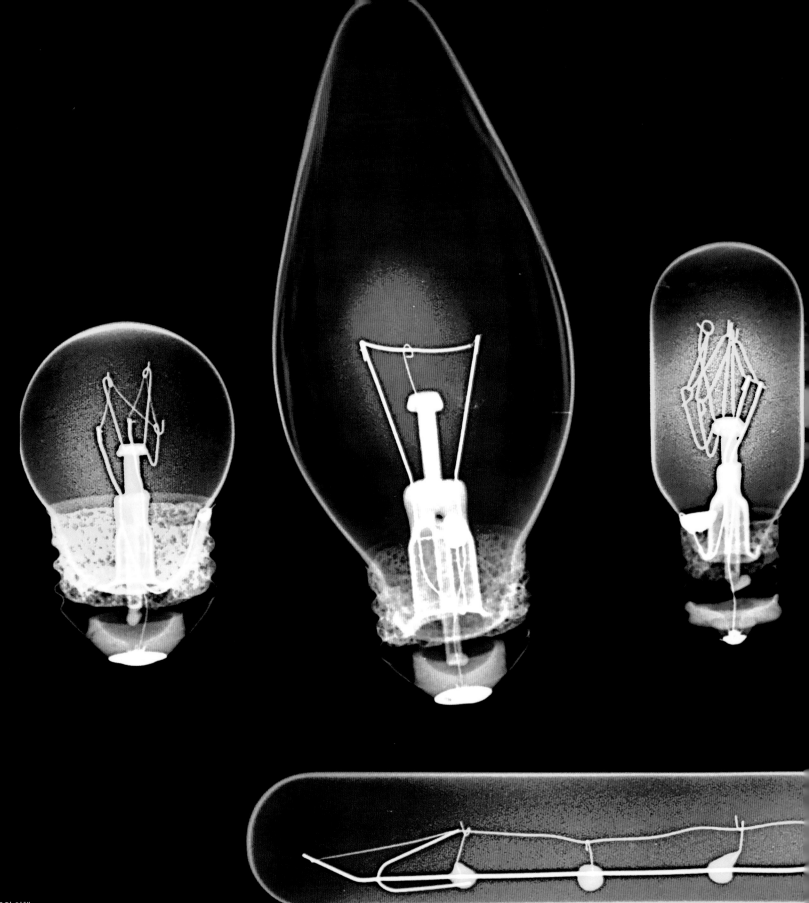

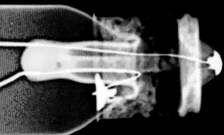

전구에 엑스선을 통과시키면 어떤 현상이 일어날까? 엑스선 촬영기로 촬영한 이미지를 음화 필름으로 인화하면 전구의 음영 이미지는 다른 그림에서보다 흐리게 나타난다. 이 예술 작품은 여섯 개의 전구를 의학용 엑스선 장비 안에 넣은 다음 원하는 효과를 만들어 내기 위해 각각의 전구에 색을 입힌 것이다.

보여 주기에 있어서 탁월한 엑스선의 능력

일상생활에서 흔하게 접하는 것 외에도 엑스선은 세상에서 가장 큰 것에서 가장 작은 것까지, 많은 것을 설명하는 데 핵심적인 역할을 한다. 우선 극도로 작은 것에 대해 이야기해 보자. 엑스선은 결정을 구성하는 원자와 분자 구조를 밝히기 위해 그 안을 들여다보는 데 있어서 완벽한 빛이다. 그리고 엑스선 결정학crystallography이라 불리는 기술은 20세기 가장 중요한 발견의 계기가 되었다. 바로 DNA의 이중나선형 구조다.

먼저 이 분야에서 엑스선이 그토록 중요한 이유를 살펴보자. 원자 크기의 물체를 보려면 파장이 그 크기보다 두 배 긴 빛을 사용해야 한다. 전파부터 시작해서 가시광선, 자외선 등 전자기 스펙트럼에서 에너지가 적은 빛들은 원자 수준의 무언가를 보기에는 너무 긴 파장을 지녔다. 그 반대 끝에 있는 감마선은 파장이 매우 짧아 적합한 것 같지만 만들어 내기 어렵고, 만들어 낸다 해도 초점을 맞추기가 힘들다. 또한 에너지가 너무 많아 조사하는 즉시 과학자들이 관찰하려는 원자와 분자 구조를 바꿔놓는다.

엑스선 결정학은 1900년대 초반부터 사용되었고 과학자들이 소금과 금속에서 광물과 반도체까지 모든 것의 구조를 밝히는 데 도움을 주었다. 결정을 통과한 엑스선의 각도와 세기를 분석함으로써 과학자들은 원자 크기의 물체 내부 구조를 보여 주는 삼차원 입체 영상을 만들 수 있다.

1952년, 킹스 칼리지 런던의 한 영국 과학자가 엑스선 결정학과 연관된 기술을 사용해서 DNA의 구조에 대한 최초의 이미지를 촬영했다. 그 과학자는 당시 22세였던 로절린드 프랭클린Rosalind Franklin이었다. 프랭클린의 엑스선 실험은 인간을 비롯한 모든 유기생물의 유전자 정보를 보유하고 있는 분자인 DNA가 나선처럼 생겼다는 사실을 보여 주었다. 또 다른 영국 과학자들, 즉 제임스 왓슨James Watson과 프랜시스 크릭Francis Crick은 프랭클린이 아직 발표하지 않은 나선형 구조에 대한 데이터가 있다는 사실을 알고 더욱 폭넓은 연구를 진행했다. 그리고 프랭클린이 발견한 나선형 구조 외에도 DNA에 다른 특징이 있다는 사실을 밝혀냈다. 바로 이 나선이 이중으로 되어 있으며, 한 줄은 위로 올라가고 다른 한 줄은 아래로 내려가며 서로 연결되어 있다는 것이다. 훗날 수많은 과학자가 그의 공을 기렸지만 프랭클린은 자신이 발견한 것을 제대로 인정받지 못했다. 결국 노벨상을 수상한 것은 제임스 왓슨과 프랜시스 크릭이었다.

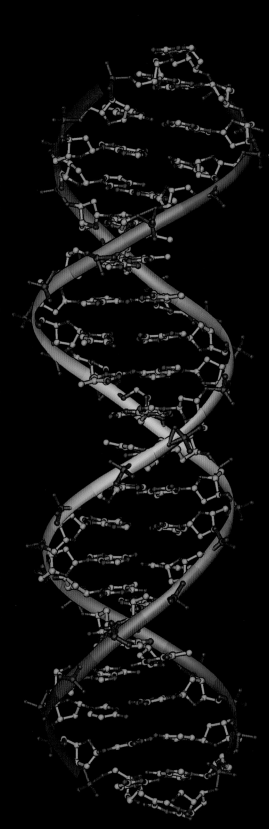

▲ 엑스선 결정학의 가장 첫 단계 중 하나는 위의 단백질 결정처럼 결정을 만드는 일이다. 엑스선 빔은 결정에 닿으면 연못에 이는 물결처럼 회절된다. 회절 패턴의 각도와 강도를 연구함으로써 과학자들은 결정 안에 있는 원자의 밀도를 보여 주는 삼차원 입체 그림을 만들 수 있다.

▷ DNA라고 더 잘 알려진 데옥시리보핵산deoxyribonucleic acid은 중심축을 기준으로 회전하는 나선형 구조를 지니고 있다. 엑스선 확산, 즉 엑스선 결정학은 엑스선으로 결정 샘플에 충격을 주어 분자 구조를 선명하게 만드는 방법이다. 엑스선은 DNA 분자의 이중나선형 구조를 밝히는 데 결정적인 역할을 했다.

▷ 로절린드 프랭클린이 촬영한 이 세 장의 엑스선 이미지는 인간 DNA에 엑스선을 조사해서 얻은 것이다. 이렇게 하면 분자 내부에서 구조에 엑스선이 반향, 즉 회절되고 그 결과 사진 건판에 무늬가 만들어진다. 왼쪽에 DNA 구조를 드러내는 시각적 증거를 보면 DNA가 삼중나선인지 이중나선인지를 쉽게 밝힐 수 있다. 가운데 이미지는 로절린드 프랭클린이 현미경으로 이러한 기술을 시험하는 모습이다. 오랫동안 오른쪽 사진의 제임스 왓슨과 프랜시스 크릭이 이중나선형 모델을 발견한 인물로 평가받은 반면 프랭클린의 공헌은 거의 무시되었다.

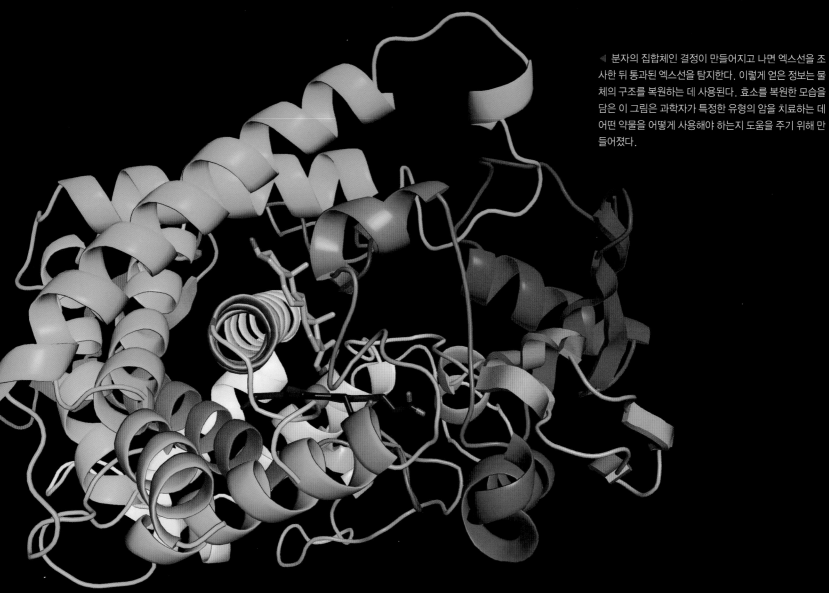

분자의 집합체인 결정이 만들어지고 나면 엑스선을 조사한 뒤 통과된 엑스선을 탐지한다. 이렇게 얻은 정보는 물체의 구조를 복원하는 데 사용된다. 효소를 복원한 모습을 담은 이 그림은 과학자가 특정한 유형의 암을 치료하는 데 어떤 약물을 어떻게 사용해야 하는지 도움을 주기 위해 만들어졌다.

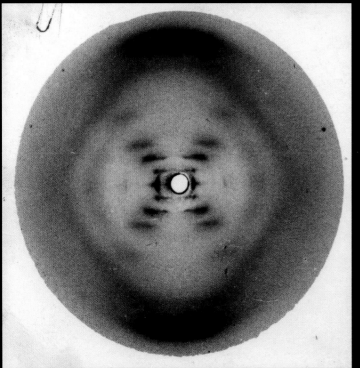

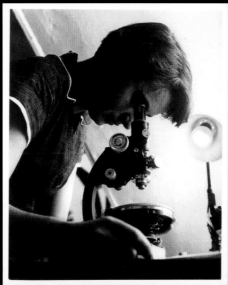

엑스선은 아주 작은 것들에 대한 연구에도 반드시 필요하지만 상상할 수 없을 정도로 큰 것을 탐험하는 도구로도 사용되어 왔다. 바로 우주 연구다. 관찰 대상의 온도가 매우 높거나 에너지가 높을 경우 엑스선으로 밝게 빛나는 경우가 많다. 여기에는 폭발한 항성의 잔해, 거대한 초고온 가스층, 그리고 블랙홀 주변을 떠다니는 물질들이 포함된다.

엑스선을 사용하여 우주를 관찰하려는 과학자들은 우주 시대가 밝을 때까지 기다려야 할 상황이었다. 지구의 대기층이 우주로부터 유입되는 엑스선을 흡수하기 때문이다. 하지만 1960년대, 과학자들은 엑스선으로 보았을 때 어떤 일이 일어나는지 조금이라도 알기 위해 처음에는 열기구에, 나중에는 인공위성에 장비를 장착해서 쏘아 올리기 시작했다. 오늘날 나사와 유럽 우주 기구 모두 수십만 달러짜리 우주 기반 망원경을 운영하고 있으며, 이는 오로지 엑스선으로만 우주를 관찰하는 장비다. 그 덕에 우리는 환상적이고 이국적인 물체를 발견하고 그에 대한 현상들을 밝혀내고 있다.

지구에 거주하는 인간으로서 우리는 지구 대기층이 우주에서 유입되는 엑스선을 막아준다는 사실을 감사해야 할 것이다. 앞서 언급했듯이 엑스선은 에너지가 극도로 높은데, 이는 전자를 유리시켜 원자를 이온화할 수 있고 분자 결합을 깨뜨릴 수 있다는 의미다. 인체 조직에서 분자 결합을 파괴한다는 것은 인간을 비롯한 모든 생명체의 건강을 해친다는 의미다.

▼ 우주에서는 지구에서와는 다른 방법으로 엑스선을 사용하여 연구한다. 병원에서는 조사 기구에서 나온 엑스선이 인체의 한 부위를 통과하면 카메라 안에 있는 필름이나 탐지기가 도달한 엑스선을 기록하는 방식을 사용한다. 반면 우주에서는 은하나 블랙홀 주변의 물질, 또는 폭발한 별 등 우주 물체가 병원의 엑스선 조사 장치 역할을 해 엑스선을 스스로 발산한다. 이렇게 되면 지구 상공을 공전하는 엑스선 망원경이 그 안으로 유입되는 우주 엑스선을 수집하여 기록한다. 엑스선 촬영 기구의 카메라 역할을 하는 것이다.

엑스선 광원   손   카메라 필름

은하   가스 구름   찬드라

▶ 이 그림은 주요 우주 엑스선 관측 망원경 두 대를 담고 있다. 위의 그림은 ESA의 XMM-뉴턴이고, 아래 그림은 나사의 찬드라 엑스선 관측 망원경이다. 두 대 모두 1999년, 폭발하는 별과 충돌하는 은하에서 블랙홀과 은하 성운까지 에너지가 높은 우주 물체와 현상을 연구하기 위해 발사되었다.

원자의 충돌

원자는 물질을 구성하는 기본 단위이며 끊임없이 움직인다. 테이블이나 바위처럼 단단한 듯 보이는 것조차 이 끊임없이 움직이는 미세한 체계에 의해 구성된다. 또한 엄청난 속도를 지닌 원자들이 서로 충돌하기도 한다. 이때 한 원자에서 다른 원자로 에너지가 전달되고, 이렇게 원자 붕괴로 생성된 에너지는 빛의 파장이라는 형태로 나타나기도 한다.

자연적으로 일어나기도 하지만 인간은 인위적으로 이러한 현상을 일으켜 이용하는 방법을 찾았다. 가장 좋은 예는 무엇일까? 바로 라스베이거스다. 카지노와 카바레 쇼로 잘 알려져 있는 이 도시는 아마도 각양각색의 원자 충돌이 일어나는 본거지라 불러도 손색이 없을 것이다.

라스베이거스 번화가를 따라 조명을 밝힌 수많은 네온사인은 원자 충돌이 일어나고 있는 아주 좋은 사례다. 네온사인은 가스, 그 가운데서도 주로 네온 가스를 채운 유리관에 전류를 흘려보냄으로써 작동한다. 전류가 흘러 들어가면 전자와 원자에 에너지가 공급되고, 전자와 원자는 서로 부딪친다. 원자는 충돌 후 원자의 종류에 따라 특정한 색으로 새로 전달된 에너지를 방출한다. 다양한 원자를 사용하면 원하는 대로, 각양각색의 네온사인을 만들 수 있다.

원자 충돌은 지구에서 가장 위대한 쇼를 만든다. 바로 오로라다. 흔히 노던 라이츠Northen Lights라고도 불리는 오로라는 엄청난 장관을 이루기도 한다. 남극에서도 이러한 현상이 일어나지만 그곳은 천 년 넘게 거주하는 사람이 거의 없는 지역이었다. 오로라는 태양으로부터 전자를 띤 수많은 입자가 지구의 자기장 선으로 내려와 지구 대기층의 원자들과 충돌할 때 발생한다.

원자 충돌은 다양한 형태의 빛을 만들어 낼 수 있다. 예를 들어 거대 항성이 폭발할 때 죽은 별 주변에 파동의 폭발이 일어나고, 이는 성간 가스를 관통한다. 이 파동은 별이 내뿜은 물질을 몇만 도까지 가열하기도 한다. 초고온으로 가열된 이 가스는 에너지 대부분을 엑스선 범위에 속하는 다양한 파장의 빛으로 방출한다.

▶ 물질의 기본 단위인 원자는 끊임없이 움직인다. 상온에서는 시속 수천 킬로미터의 속도로, 초신성 쇼크웨이브 뒤에서는 시속 몇만 킬로미터의 속도로 움직인다. 원자가 충돌할 때 방출되는 에너지는 빛의 장관을 연출한다.

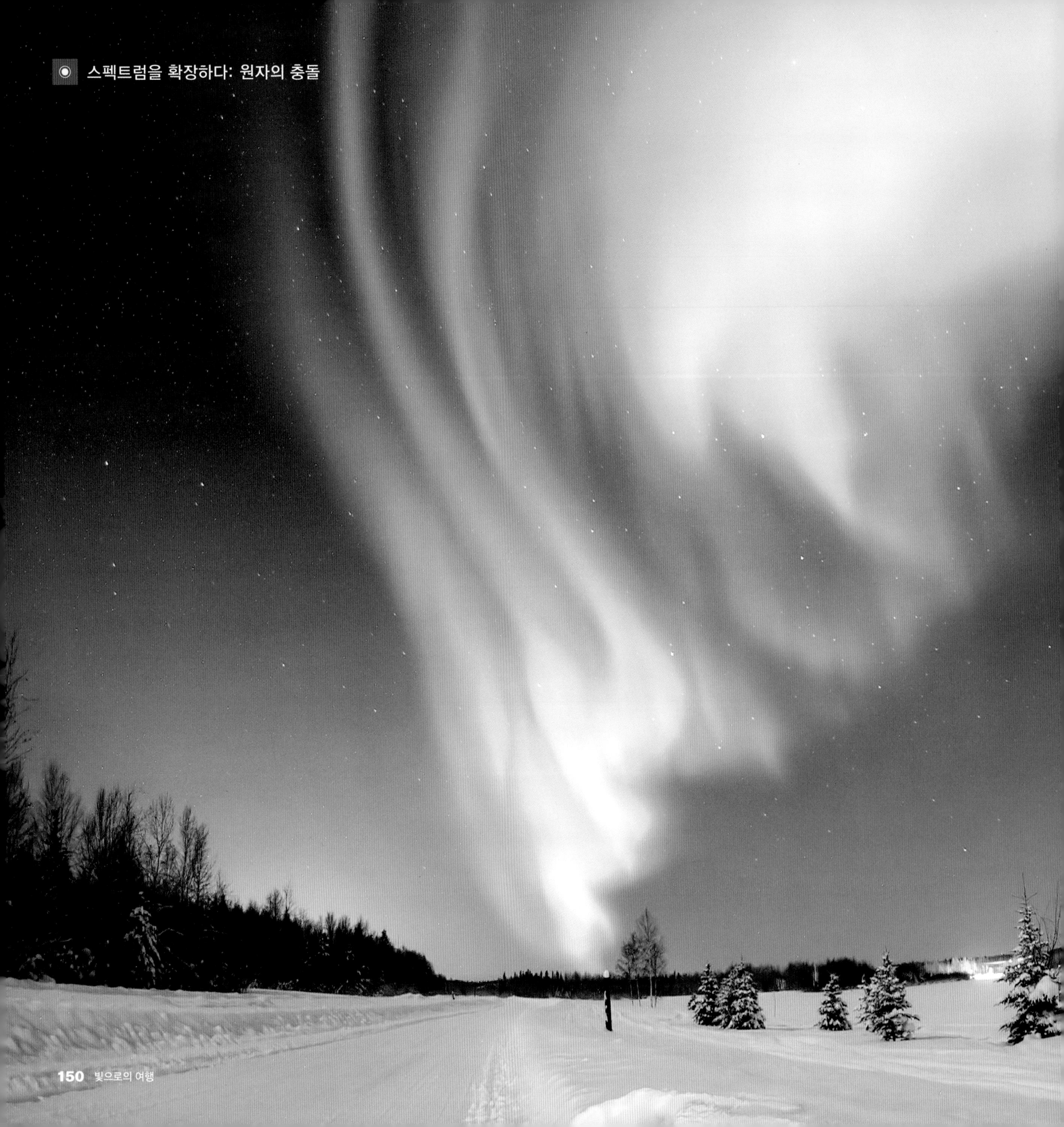

◀ 왼쪽 이미지는 알래스카에서 우리가 오로라라고 부르는 빛의 쇼가 펼쳐진 모습이다. 오로라는 북반구에서는 노던 라이츠로 더 잘 알려져 있다. 오로라가 다양한 색을 띠는 것은 각기 다른 원자들이 충돌에 의한 에너지 때문에 활성화되었을 때 각기 다른 색을 띠기 때문이다. 예를 들어 산소는 녹황색이나 때로 붉은색 빛을, 질소는 주로 푸른색 빛을 발한다. 아래의 북극광 이미지는 아이오와 주의 디모인에서 촬영한 것이다. 152~153쪽에서 우리는 지구 상공에서 본 노던 라이츠의 모습을 볼 수 있다. 이는 국제 우주정거장에 탑승한 우주인이 촬영한 것이다.

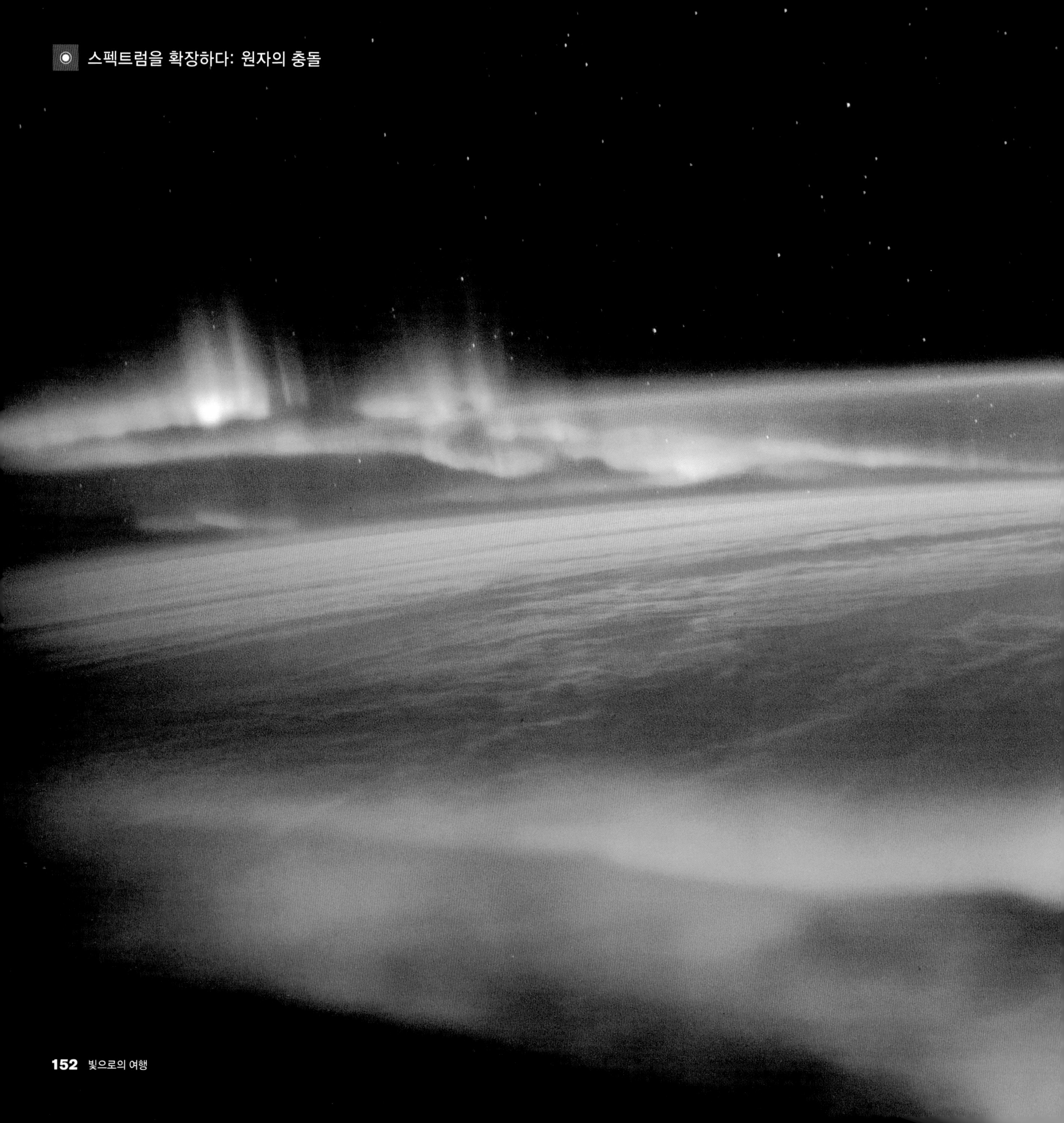

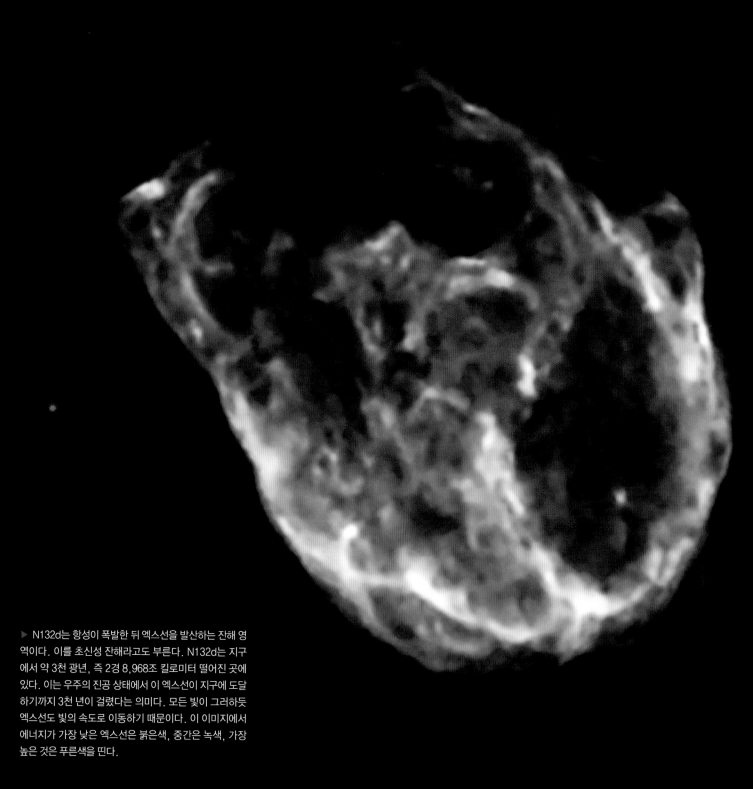

▶ N132d는 항성이 폭발한 뒤 엑스선을 발산하는 잔해 영역이다. 이를 초신성 잔해라고도 부른다. N132d는 지구에서 약 3천 광년, 즉 2경 8,968조 킬로미터 떨어진 곳에 있다. 이는 우주의 진공 상태에서 이 엑스선이 지구에 도달하기까지 3천 년이 걸렸다는 의미다. 모든 빛이 그러하듯 엑스선도 빛의 속도로 이동하기 때문이다. 이 이미지에서 에너지가 가장 낮은 엑스선은 붉은색, 중간은 녹색, 가장 높은 것은 푸른색을 띤다.

우주를 가로질러

엑스선 복사는 지구에서 자연적으로 일어나는 경우가 극히 드물지만 수많은 우주 물체에서는 자주 발생하는 일이다. 엑스선을 복사하는 우주 물체로는 블랙홀과 폭발한 항성, 그리고 은하단 주변의 원반이 있으며, 이들은 거대한 고온 가스 구름을 포함하고 있다.

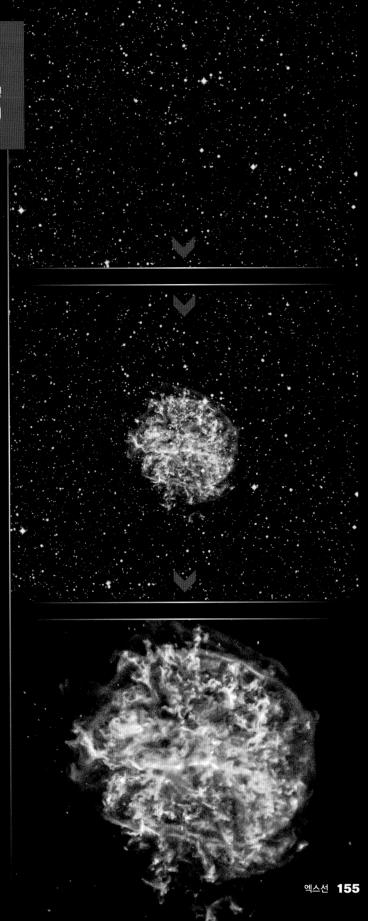

▶ 밤하늘을 올려다봤을 때 우리가 보는 별은 밝게 빛나는 하얀 점 모양을 하고 있다. 오른쪽 위의 이미지는 인간이 눈으로 볼 수 있는 것과 비슷한 빛, 즉 가시광선과 파장이 비슷한 빛을 탐지하는 망원경으로 촬영한 것이다. 하지만 과학자들은 우주에는 말 그대로 인간의 눈에 도달하는 것 외에도 다른 빛이 존재한다는 사실을 안다. 천체물리학자들은 생명체에 필요한 원소들을 연구하기 위해 엑스선 탐지 망원경을 사용한다. 그러한 원소 가운데 두 가지만 꼽으라면 인간 뼈를 구성하는 칼슘과 혈액을 구성하는 철을 들 수 있다. 이 원소들은 별의 내부를 단단하게 만들었다가 별이 폭발하면 성간 공간으로 뿜어져 나온다. 가운데 이미지는 폭발한 항성이 발산하는 다른 주파수대의 엑스선을 추가한 모습이다. 여기에서 산소, 마그네슘, 실리콘, 황이 발견된 부분은 각기 다른 색을 띤다. 아래는 엑스선 이미지를 확대한 것이다. 이 이미지에 있는 폭발한 항성에는 생명체에게 필요한 원소인 산소를 다량 포함하고 있다.

▲ 엑스선은 블랙홀 연구에 매우 중요한 역할을 한다. 블랙홀은 흔히 주변의 모든 것을 집어삼킨다고 알려져 있다. 하지만 실제로는 배수구 마개를 열었을 때 물이 그 주변을 소용돌이치는 것처럼 블랙홀 주변에서 물질들이 소용돌이치며 떠돈다. 다른 점이 있다면 블랙홀 주변에서는 물질이 몇백만 도까지 온도가 상승하고 엑스선으로 빛난다는 것이다. 이러한 물질의 행태를 연구함으로써 천문학자들은 블랙홀의 크기, 최종적으로 빨아들이는 물질의 양 등 블랙홀에 대한 새로운 사실을 다수 발견할 수 있다. 대부분의 은하가 그러하듯 우리 은하 중심에는 대형 블랙홀이 존재한다. 위의 이미지는 지구에서 아주 멀리 떨어진 블랙홀 주변 지역의 엑스선 이미지다.

▷ 은하 성운은 우주 전체에서 가장 큰 구조물이다. 은하 성운 한 개에는 수백, 또는 수천 개의 은하가 속해 있다. 그리고 전체 성운은 매우 얇고 뜨거운 가스 안에 잠겨 있는데, 이는 엑스선으로 빛난다. 사진에서 보이는 엘 고르도 성운처럼 때로는 이러한 우주 거인들이 충돌하기도 하며, 이때 발생하는 힘은 성운 내부의 암흑 물질에서 뜨거운 가스가 분출될 정도로 강하다. 암흑 물질은 푸른색을, 가스는 분홍색을 띤다. 암흑 물질은 우주에서 가장 강력한 형태의 물질이지만 이에 대한 연구는 아직 미미한 상태다. 그리고 천문학자들은 엑스선 망원경을 이용하여 암흑 물질에 대해 더 많은 연구를 하고 있다.

▲ 어떤 물질이 블랙홀에 너무 가까이 접근하면 블랙홀 주변의 원반으로 유입된다. 또한 빛의 빔 형태로 뿜어져 나갈 수 있다. 천문학자들이 '제트'라고 부르는 이러한 빔은 때로는 수백만, 또는 수천억 킬로미터까지 뻗어나갈 수 있다. 엑스선으로 관찰한 켄타우루스 A의 이미지에서 이 은하 중심의 블랙홀로부터 거의 빛의 속도 절반의 빠르기로 이동하는 제트를 볼 수 있다. 엑스선 외에도 이러한 제트는 극초단파, 가시광선 등 다양한 빛을 발산하기도 한다(같은 이미지를 극초단파, 가시광선, 엑스선으로 결합한 것은 제2장에서 확인할 수 있다).

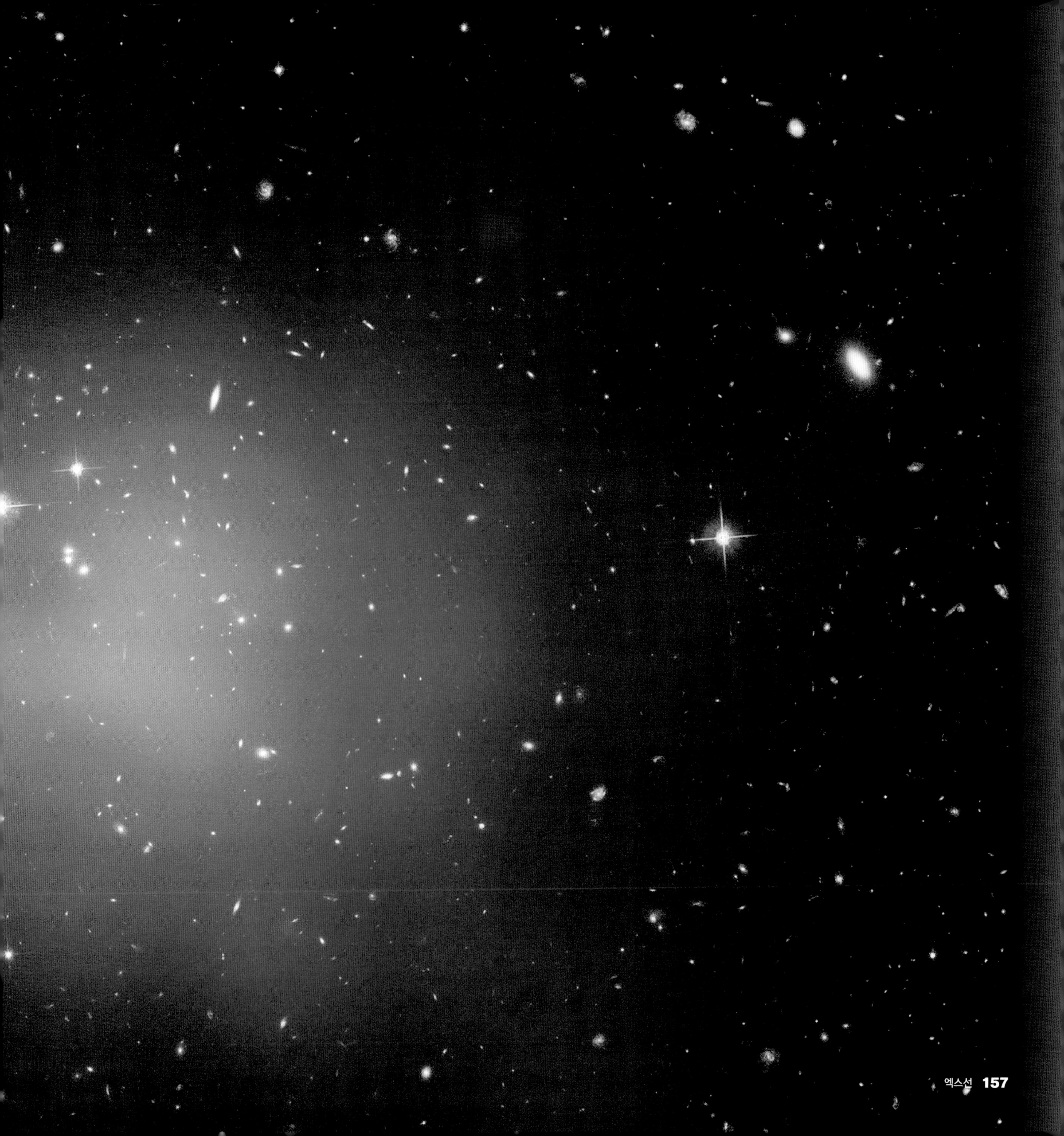

7

감마선

감마선은 전자기 스펙트럼에 대한 우리의 여정 가운데 마지막 정류장이다. 감마선은 한마디로 '극단적'이며 가장 에너지가 많은 형태의 빛이다. 또한 우주 저편의 정보를 전달하고 인체에 대한 정보를 제공하기도 한다. 그리고 치명적인 동시에 경이롭다.

한 눈에 보는 감마선

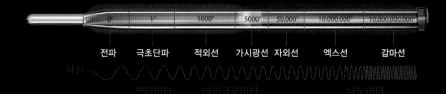

파장(센티미터) : 10^{-9} 미만
규모 : 원자 핵
주파수Hz : $3×10^{19}$ 초과
에너지eV : 10^5 초과
지구 표면 당도 여부 : 도달하지 않는다.
과학 장비 : 감지기, 감마선 탐지기, 소독용 장비

감마선에 대한 요점 정리
⊙ 에너지가 가장 높은 형태의 빛이다.
⊙ 파장의 길이가 10조 분의 1미터 미만이다.
⊙ 주로 핵 반응이나 입자 가속도 같은 극단적인 작용에 의해 생성된다.

감마선은 파장이 매우 짧아 대부분 지구 대기에 의해 흡수된다. 하지만 감마선이 지구 대기층과 충돌할 때 발생하는 입자를 감지하는 특수 망원경을 사용하면 에너지가 매우 높은 우주 감마선이 미치는 영향을 지상에서 연구할 수 있다. 카나리아 제도에 위치한 망원경 매직은 다양한 빛을 발산하며 밝게 빛나는 블랙홀과 은하의 중심 등 우주 현상을 연구하는 데 사용된다.

일상 속의 감마선

만화계의 고전이라 할 수 있는 『인크레더블 헐크The Incredible Hulk 』를 읽고 감마선을 처음 접하는 아이들도 있을 것이다. 이 만화 시리즈, 그리고 만화를 원작으로 한 TV 드라마와 영화에서 물리학자 브루스 배너 박사는 핵 실험이 진행 중인 공간에 갇혀 감마선에 노출되고, 그 결과 매우 강하고 체격이 큰, 게다가 분노로 가득 찬 녹색 돌연변이로 변신하는 능력을 갖게 된다. 하지만 사람들이 일상에서 감마선을 접하는 경우는 주로 의료 검사와 요법, 아니면 번개처럼 간접적인 방법을 통해서다. 그리고 감마선에 노출된다 해도 힘 센 녹색 괴물로 변신하지는 않는다.

20세기로 접어든 직후 발견된 감마선은 이후 과학자들의 관심을 끌어왔다. 그 존재를 알게 되자마자 과학자들은 이 강력한 형태의 빛이 방사성 원소에 의해 생성될 수 있다는 사실을 밝혀냈다. 불안정한 원자의 핵이 입자, 즉 광자의 형태로 에너지를 발산할 때 방사성 붕괴가 일어난다. 그리고 방사성 붕괴의 부산물로 만들어지는 것이 바로 에너지가 높은 빛, 즉 감마선이다.

세계 각국이 앞다퉈 새로 발견된 원자의 힘을 무기화하는 와중에 감마선이 부상하게 되었다. 제2차 세계대전 중, 그리고 그 이후에도 원자력 에너지는 핵무기를 통제하려는 국가들에게 안보 문제에 대한 해결책으로 떠올랐다. 이미 만들어진 원자력을 무기가 아닌 에너지 분야에 사용하기 때문이다. 가정에서 자동차, 심지어 인공심장까지, 모든 것에 무한 에너지를 공급하는 방법으로서 원자가 지닌 힘도 이미 널리 알려져 있었다.

하지만 방사성 원소, 그리고 이를 이용한 무기와 발전소는 언제든 부정적인 결과를 가져올 수 있다. 감마선을 이용하기 시작한 뒤로 몇십 년 동안 과학자들은 적절한 안전 수단으로 차단하지 않을 경우 핵기술이 얼마나 치명적인 결과를 낳는지 알게 되었다. 방사성 및 핵무기를 사용했을 때 가장 두드러지게 나타나는 현상이 바로 감마선 방출이다. 이런 식으로 감마선이 만들어진다는 사실을 이해함으로써 과학자와 공학자들은 이러한 무기들이 언제, 어디에서 사용되었는지를 탐지할 수 있는 방법을 얻게 되었다.

우주에서 온 놀라운 소식

제2차 세계대전이 끝난 뒤 미국과 소련 사이의 냉전이 악화되는 상황에서 감마선은 중요한 역할을 했다. 1963년, 미 공군은 벨라라고 알려진 일련의 인공위성들을 발사했다. 그 목적은 소련이 최근 체결한 핵실험 금지 협정을 준수하는지 감시하는 것이었다. 보통 인공위성은 해발 약 805킬로미터 이하에서 지구를 공전하지만 벨라 인공위성들은 약 10만 5천 킬로미터 상공에서 궤도를 따라 비행했다. 미 공군이 벨라 인공위성의 공전 궤도 높이를 이렇게 극한으로 높인 것은 초고층 대기에서 있을지 모르는 핵폭발뿐 아니라 우주에서의 폭발까지 감시하기 위해서였다.

▲ 이 이미지들은 미국 산디아 국립 연구소에 있는 고에너지 장비 두 대를 담은 것이다. 위의 사진은 세계에서 가장 강력한 감마선 생성기기로 알려진 헤르메스HERMES다. 헤르메스는 고에너지 복사 메가 볼트 전자 생성기high-energy radiation megavolt electron source의 약자이며, 감마선이 가전 제품과 군사용 하드웨어에 어떤 영향을 미치는지를 시험하는 것이 주목적이다. 아래 사진은 토성 가속기이며, 주로 엑스선을 생성한다. 토성 가속기는 상업적인 것은 물론 군사적 목적으로도 사용되기는 하지만 물리학 연구에서 더 광범위하게 사용된다.

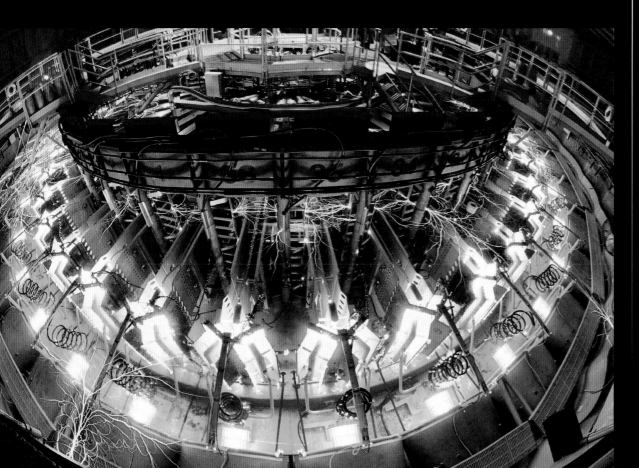

주목해야 할 과학자

베크렐Becquerel, 빌라드Villard, 러더퍼드Rutherford

엑스선을 발견한 지 1년 뒤인 1896년, 프랑스 물리학자 앙리 베크렐Henri Becquerel은 두꺼운 불투명 종이로 가린 상태에서도 방사성 원소인 라듐이 사진 건판에 흔적을 남길 수 있다는 사실을 발견했다. 이 발견은 비록 일부분에 불과하지만 최초로 방사능과 감마선에 대해 알려진 것으로 인식된다.

그로부터 몇 년 뒤, 또 다른 프랑스 물리학자인 파울 빌라드Paul Villard는 자연계에서 생성되는 또 다른 방사성 원소인 라듐을 연구실에서 연구하고 있었다. 빌라드는 라듐의 복사, 즉 빛이 뢴트겐의 엑스선과 다르다는 사실을 발견했다. 엑스선보다 깊이 물체를 파고들 수 있었기 때문이다. 하지만 핵물리학자 어네스트 러더퍼드Ernest Rutherford가 감마선은 엑스선과 마찬가지로 빛이며, 단지 파장이 그보다 더 짧다는 사실을 밝혀낸 것은 1914년의 일이다.

1871년, 뉴질랜드에서 태어난 물리학자 어네스트 러더퍼드는 방사성 붕괴로 생성되는 감마선과 다른 유형의 이온화 복사를 규명한 핵물리학의 선구자다. 하지만 동시에 뛰어난 화학자였고, 1908년 노벨 화학상을 수상했다.

ı 앙리 베크렐

▶ 어네스트 러더퍼드

벨라 위성들은 감마선을 탐지하는 것은 물론 감마선이 오는 방향을 탐지할 수 있는 특수 장비도 장착했다. 몇 년 동안 모니터링 임무를 수행한 뒤 벨라 프로그램은 종결되었다.

벨라는 성공적인 프로그램으로 평가받지만 그 이유가 기묘하다. '소련 연방의 핵실험은 탐지되지 않았지만 감마선은 발견되었다'였다. 벨라가 탐지한 감마선은 소련 연방에서든 다른 곳에서든 핵폭발에 의한 것이 아니었다. 우리의 태양계보다 훨씬 먼 곳에서 온 것이었다. 실제로 벨라 프로그램에 참여한 과학자들은 전혀 새로운 현상을 발견하고 이를 감마선 폭발GRBs이라 불렀다. 오늘날 천문학자들은 GRBs가 빅뱅 이후 가장 밝은 빛을 내고 가장 멀리 떨어진 곳에서 일어나는 우주 사건이라는 사실을 밝혀냈다. 실제로 GRB 한 개는 우리의 태양이 평생, 즉 1백억 년 동안 발산한 것보다 10배 많은 에너지를 뿜어낼 수 있다.

실제로 우주의 다양한 물체들이 감마선을 발산한다. 엑스선과 마찬가지로 감마선도 일반적으로 중성자 항성 집단과 초신성 폭발 등 매우 온도가 높거나 에너지가 많은 물체로부터 나온다. 전자는 밀집해 있는 별들을, 후자는 수명을 다한 거대 항성의 폭발을 말한다.

천문학자들은 태양계 다른 행성의 먼지 등 지구와 가까운 곳에 있는 물체를 연구하는 데도 감마선을 사용한다. 예를 들어 현재 수성을 공전하는 우주선인 메신저 호는 감마선 탐지기를 이용하여 수성 표면에 어떤 원소들이 있는지 조사하고 있다. 우주에서 온 고에너지 입자가 수성과 충돌하면 바위와 토양의 원소들이 고유의 감마선 표식을 발산한다. 마찬가지로 화성을 공전하는 우주선은 감마선으로 이 붉은 행성의 표면을 스캔해서 수소와 기타 원소를 탐색한다.

지구에 사는 생명체에게 다행스러운 일은 지구의 대기층이 외부 우주에서 생성되는 감마선을 차단한다는 것이다. 오늘날 나사를 비롯한 전 세계 우주기관들은 우주 감마선을 직접 관찰하기 위해 지구 대기권보다 높은 곳에 망원경을 설치·운영하고 있다.

천문학자들은 감마선이 지구 대기와 만날 때 생기는 시그니처signature, 즉 표식을 어떻게 찾아야 하는지도 연구해 왔다. 이 다량의 입자들을 면밀하게 분석함으로써 감마선이 발생한 근원지를 추적할 수 있다. 감마선을 이용하면 우주로 망원경을 쏘아 올리지 않고도 우주를 연구할 수 있으며 비용도 절약할 수 있다.

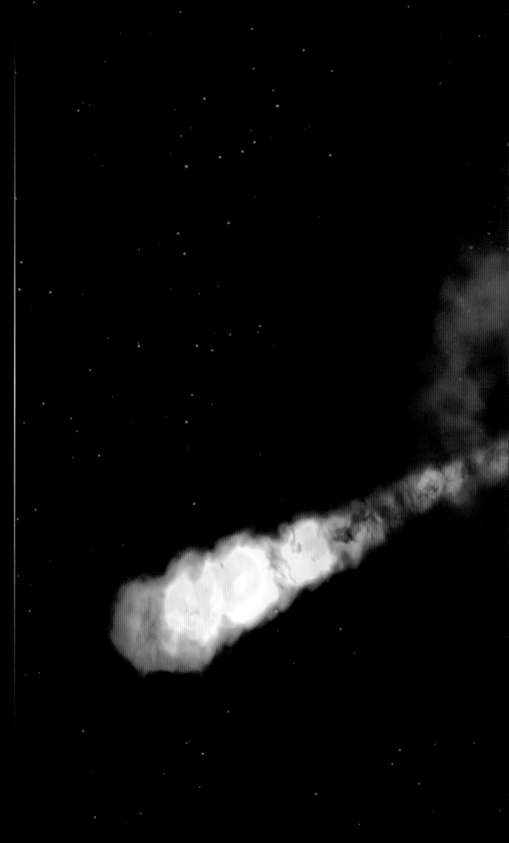

이 이미지는 전형적인 감마선 폭발을 보여 준다. 감마선 폭발은 거대한 항성이 붕괴할 때 발생하기도 한다. 항성이 붕괴되고 나면 블랙홀이 우주를 향해 그 잔해 입자를 제트 분사 형태로 뿜어낼 수 있다.

나사의 화성 오디세이 같은 인공위성들은 감마선을 이용하여 화성의 지형학에 대해 더 많은 것을 밝혀낼 수 있다. 화성 표면을 시각화한 이 이미지에서 푸른색을 띤 부분은 수소 가 다량 발견된 곳이다. 다량의 수소가 존재한다는 것은 그 지역에 물 얼음이 존재한다는 중요한 단서가 된다.

지구의 감마선

자연적으로 발생하는 감마선은 우주 공간에만 있는 것은 아니다. 지구 표면과 대기층에도 감마선이 자연적으로 생성되는 곳이 있다. 예를 들어 번개 폭풍은 찰나의 번쩍이는 감마선을 만들어 내기도 한다. 또한 자연은 우라늄과 토륨처럼 선천적으로 방사성을 띤 원소들을 만들어 내고 이러한 원소들은 붕괴할 때 감마선을 발산한다.

국제 우주정거장은 번개의 섬광을 측정하고 감마선 복사를 감지하는 특수한 장비를 갖추고 있다. 흔히 감마선을 항성의 폭발, 핵폭발 또는 태양의 폭풍과 같은 격렬한 사건과 연관시킨다. 번개 때문에 지구에서도 하루 최대 500번 감마선 섬광TGFs이 일어난다는 것은 놀라운 발견이었다. 국제 우주정거장의 우주인들은 2013년 12월, 쿠웨이트 인근과 조명을 환하게 밝힌 사우디아라비아의 도시에서 번개가 치는 모습을 사진에 담았다(큰 이미지). 또한 2011년 1월, 볼리비아 상공에 드리운 적란운의 극적인 모습도 촬영했다(작은 이미지).

장시간 감마선에 노출되면 사람은 실제로 해를 입으며 심지어 사망에까지 이를 수 있다. 그렇다고 감마선을 무조건 파괴적이라고 할 수만은 없다. 엑스선, 자외선 등 다른 유형의 빛처럼 인간은 이 강력한 빛을 유익하게 이용할 수 있기 때문이다. 종양학자들은 특정한 방사선 요법에서 암세포를 공격하는 데 감마선을 이용하기도 한다. 엑스선은 물론 감마선을 이용한 방사선 요법은 암세포의 DNA를 직접 죽이거나 암세포를 손상시키는 하전입자를 생성한다.

의사들은 불안정한 핵을 지닌 원자, 즉 방사성 동위원소의 원자를 의학적으로 응용할 수 있다는 사실도 알게 되었다. 비교적 일반적으로 사용되는 응용 방법은 환자가 방사성 동위원소가 들어 있는 '트레이서'를 마시거나 정맥으로 주입받는 것이다. 그런 다음 특수한 장비 앞에 환자를 눕히는데, 감마 카메라라고도 불리는 이 장비는 환자 몸 주변을 돌며 트레이서가 발산하는 감마선을 탐지할 수 있다. 이는 혈류는 물론 뇌, 뼈, 신장을 연구하는 데 매우 뛰어난 진단 도구가 될 수 있다.

왼쪽은 사람의 앞모습을, 오른쪽은 뒷모습을 감마선으로 촬영한 것이다. 이 이미지들은 뼈 안에 침투한 종양만을 드러내기 위해 가색을 사용했다. 감마선 스캔을 할 때는 환자가 감마선에 의해 빛을 내는 방사성 물질을 마시거나 정맥으로 주입받는다. 그리고 방사성 장비에서 나온 감마선이 환자 신체를 통과한 뒤 아래 이미지와 같은 특수 카메라에 도달하면 인체 내의 방사능을 포착하여 어디에 축적이 일어났는지를 보여 준다.

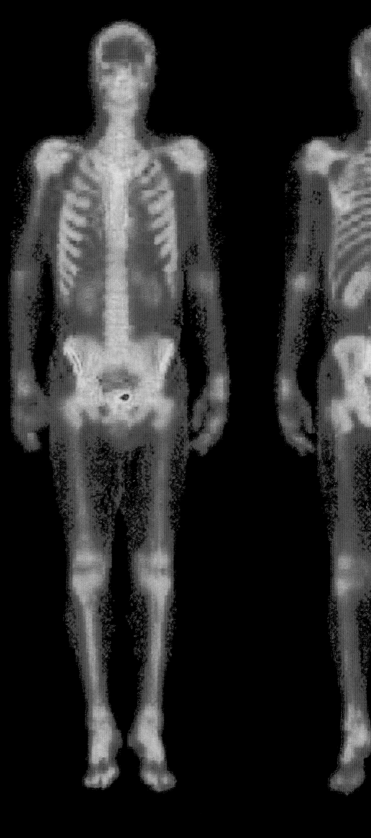

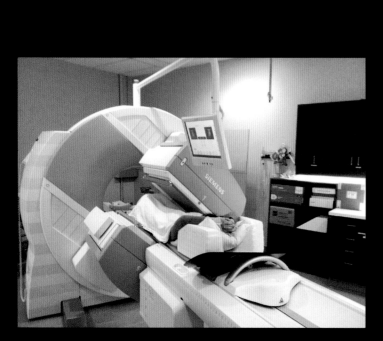

감마선은 물체를 통과하는 능력이 매우 뛰어나므로 의학적 용도 외에도 다양하게 응용할 수 있고 그 대표적인 예가 제조업이다. 감마선을 이용하면 제트 엔진의 터빈 날개 등 금속 부품과 용접 부위의 결함을 검사할 수 있다. 엔지니어들은 제조된 기계에 감마선을 조사한 다음 반대편으로 얼마나 많은 감마선이 통과하는지를 관찰하는 것이다. 의학용 엑스선처럼 이 기술은 날개에 틈이나 다른 문제가 있으면 이를 드러낸다.

과학자와 공학자들은 유전에서 지층을 조사하고, 병원에서 의료 장비를 소독하며, 특정한 식품과 향신료를 저온 살균하는 데도 에너지가 높은 감마선을 사용한다. 흔히 우리는 살모넬라 같은 세균과 병원체를 파괴하기 위해 음식을 가열한다. 그 대신 감마선 등 방사선 앞을 통과시키면 양이 많든 포장이 된 상태든 식중독을 일으킬 수 있는 생물학적, 화학적 물질을 파괴할 수 있다.

이 이미지의 감마선 장치 등을 이용하면 의료 장비 소독, 심지어 식품 소독까지 다양한 용도로 감마선을 사용할 수 있다.

지표면 감마선 분출

1991년, 나사는 콤프턴 감마선 관측 망원경을 실은 인공위성을 발사했다. 콤프턴의 목적은 우주 저 멀리에 있는 물체가 보내는 감마선을 연구하는 것이었다. 몇십 년 전에 임무를 수행한 벨라 인공위성처럼 콤프턴은 매우 놀라운 사실을 찾아냈다. 전혀 예상치 못한 곳에서 오는 감마선을 발견한 것이다. 하지만 이번에는 감마선이 오는 곳이 지구 자체였다.

정확한 메커니즘에 대해서는 아직 논란이 분분하지만 번개가 칠 때 소위 지표면 감마선 분출이 발생한다는 사실을 처음 발견한 장치가 콤프턴이라는 점에는 이견이 없다. 지표면 감마선 분출은 극히 짧은 시간 동안 일어나지만 수백 킬로미터 떨어진 곳에 있는 인공위성의 기능을 마비시킬 수 있다. 현재까지 알려진 바로는 뇌우의 내부나 위에 있는 전자가 빛의 속도와 맞먹는 빠르기로 이동하다가 대기의 원자와 충돌하면 감마선이 분출될 정도로 강력한 충격이 발생한다고 추측한다.

1991년, 콤프턴 감마선 관찰 망원경은 우주왕복선 아틀란티스로부터 우주로 쏘아 올려졌다. 이는 인공위성이 분리되는 순간 아틀란티스 승무원이 촬영한 관찰 망원경 사진이다. 그 배경으로 지구의 모습을 볼 수 있다.

2013년 10월 25일, 우리의 태양은 태양 플레어를 일으켰고, 이때 감마선이 포함된 강력한 복사 폭발을 분출했다. 실제로 이 폭발적인 빛과 전하입자의 분출로 인해 태양은 하늘에서 감마선으로 본 가장 밝은 물체가 되었다. 이런 일이 일어난 원인은 무엇일까? 태양 플레어가 일어나는 동안 고에너지 입자들은 태양의 대기층에 있는 물질에 충돌하기도 한다. 그 결과 다른 유형의 입자가 생성되는데, 이것이 파이중간자^{pion}다. 그리고 파이중간자가 붕괴될 때 감마선이 발산된다.

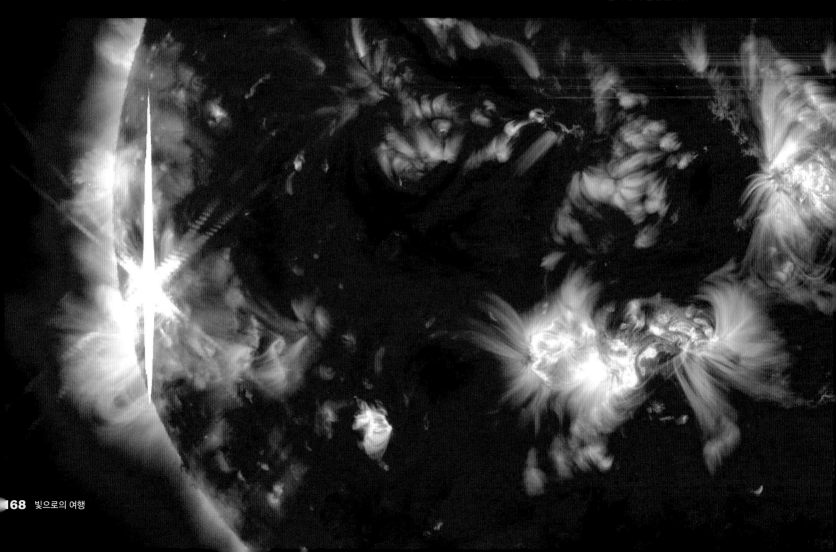

매우 높은 에너지를 지닌 감마선이 우주를 이동하다가 지구 대기층에 충돌하면 그 에너지는 입자로 변한다. 이 입자들은 흐린 푸른색 빛으로 폭포, 또는 소나기 형태를 만들기도 한다. 체렌코프 복사라고 알려진 이 빛은 깔때기 모양으로 일정한 궤적을 그리며 퍼져, 과학자들이 처음 감마선 충돌이 일어난 뒤 이동한 경로를 밝힐 수 있다.

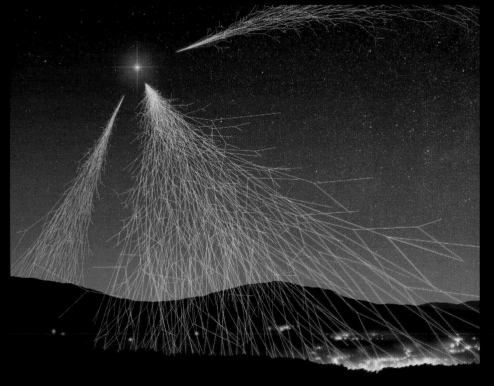

인간이 높은 에너지를 지닌 감마선을 볼 수 있다면 우리 눈에는 태양보다 달이 밝게 보일 것이다. 우주는 천문학자들이 우주선cosmic ray이라고 부르는 매우 높은 에너지의 전하입자로 채워졌다. 우주선은 달에 충돌할 때 달 표면에 있는 원자와 분자를 파괴하고 그 결과 감마선이 생성되기 때문이다.

방전

카펫을 둘둘 말아 짚어진 채 문의 손잡이를 만져봤다면 당신은 방전을 이미 경험했을 가능성이 크다. 이럴 때 무슨 일이 일어나느냐고? 당신의 발과 카펫 사이의 마찰 때문에 발생한 음전하가 당신의 손가락에 엄청나게 쌓인다. 이 때문에 당신의 손가락과 문 손잡이 사이에 전위차, 즉 전압의 차이가 생긴다. 전위차가 일정 수준을 넘으면 순간적으로 전류가 흐르는데, 이를 방전이라 부른다. 방전은 당신의 손에 충격을 주는 것만이 아니라 지구와 우주에서 볼 수 있는 가장 경이로운 빛을 만들어 내기도 한다.

방전은 폭풍이 칠 때 순간적으로 일어나기도 한다. 축적된 전하로부터 순간적인 에너지 방출이 일어나는데, 이것이 바로 번개다. 이 사진은 루마니아의 부쿠레슈티에서 야간에 동시다발적으로 번개치는 장관을 담은 것이다.

지구 외에도 우리 태양계에는 오로라와 사이클론이 발생하는 행성이 있다. 또한 그 가운데서도 번개가 발생하는 곳이 있으며, 이때 감마선이 방출되기도 한다. 목성을 클로즈업한 왼쪽 이미지에서 밝게 표시된 점 두 개와 오른쪽 이미지의 점 세 개는 번개 폭풍을 의미한다.

거대한 적란운에서는 많은 원자들로 이루어진 대형 입자들 사이에 마찰력이 발생한 다음 축적된다. 그 결과 많은 전자가 이탈되어 1억 볼트에 달하는 전압을 생성하게 된다. 전압이 이렇게 높아지면 폭발적인 방전을 일으키고, 이는 우리 눈에 번개라는 형태로 보이게 된다. 번개는 지구 이외의 장소에서도 발생한다. 과학자들은 목성의 남극과 북극에서 번개치는 장면을 확인했다.

전압은 전기 회로가 있을 때 자석을 회전시켜도 발생한다. 이러한 원리를 이용한 것이 발전기다. 또한 빠르게 회전하는 동안 강력한 자기장을 띤 중성자 별은 발전기 같은 역할을 하여 1조 볼트가 넘는 전압을 만들어 낼 수 있다. 이러한 우주의 거대 발전기가 방출하는 에너지는 몇 광년이 넘는 거리에 펼쳐진 구름까지 환하게 밝힐 수 있다.

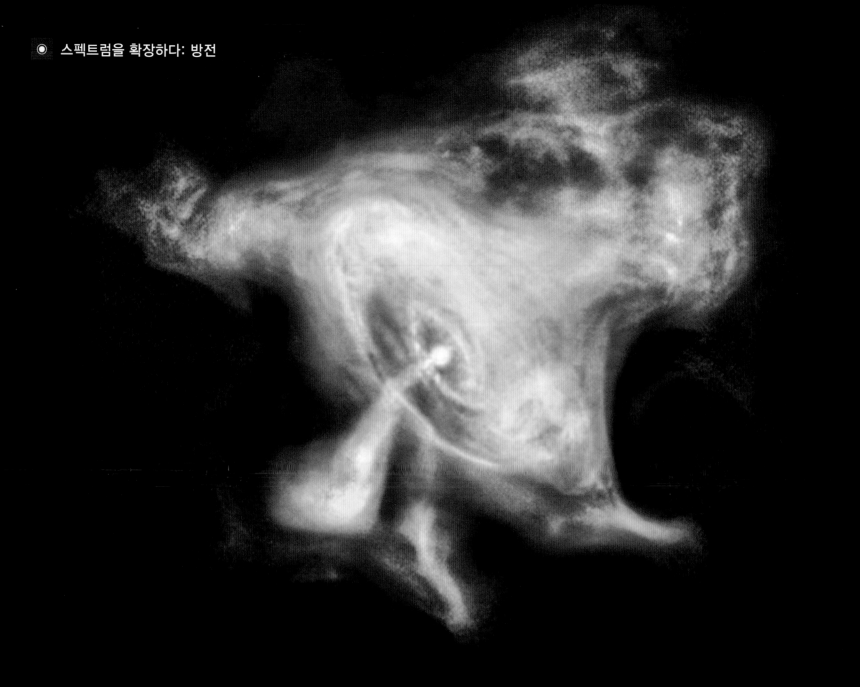

자성이 강하고 빠르게 회전하는 중성자 별은 몇 천조 볼트의 전압을 만들어 낼 수 있으며, 이는 번개보다 3천만 배 강한 것이다. 전압이 이렇게 높을 경우 높은 에너지를 지닌 입자가 쏟아져 나온다. 그리고 이러한 고에너지 입자에서 전파부터 감마선 에너지까지 다양한 복사 빔이 나온다. 회전하는 등대의 빔처럼 이러한 복사는 일정한 주기로 빛을 방사하는 광원, 즉 펄서의 형태를 띠기도 한다. 1967년 전파 천문학자에 의해 최초로 관찰된

펄서는 일정 주기로 펄스 형태의 전파를 방사하는 천체다. 지금까지 알려진 펄서의 수는 약 1천여 개에 달한다. 게 성운의 펄서는 알려진 것 중 가장 어리고 에너지가 많은 것이며, 전파, 가시광선, 엑스선, 감마선 등 거의 모든 파장의 파동을 만들어 내는 것으로 관찰되었다. 엑스선을 방출하는 것으로 관찰된 펄서는 20여 개이고, 감마선을 방출하는 것으로 관찰된 펄서는 6개다.

수천 광년 떨어진 곳의 펄서와 지구의 번개 사이에 있는 공통점은 무엇일까? 바로 방전을 한다는 것이다. 위의 이미지는 게 성운을, 오른쪽 이미지는 PSR B1509-58을 보여 주며 둘 모두 강력한 펄서다. 또한 그 주변의 하전입자 구름을 성운이라고 부른다. 두 펄서 모두 성운으로부터 나오는 전하 때문에 고에너지 입자의 폭풍을 분출한다. 왼쪽의 푸른색과 금색을 띤 부분과 오른쪽의 밝은 금색을 띤 부분이다.

우주를 가로질러

앞서 언급했듯이 지구의 대기는 보호막 역할을 하여 우리가 감마선에 노출되지 않게 막아준다. 하지만 그 때문에 지상에서 직접 감마선을 관찰하는 일은 불가능하다. 감마선 망원경 등을 통해 과학자들은 블레이저, 마그네타, 우주선, 암흑 물질 등 공상과학 소설에서 금방 튀어나온 것 같은 놀라운 물체들을 연구한다.

　감마선 폭발이 일어나면 가장 먼저 감마선 섬광이 발생하며 이는 수분 안에 생겼다 사라진다. 중성자 별이나 블랙홀들의 융합에서 극초신성을 생성하는 거대 행성의 붕괴까지 감마선 폭발을 일으키는 원인에 대한 다양한 이론이 제시되고 있다.

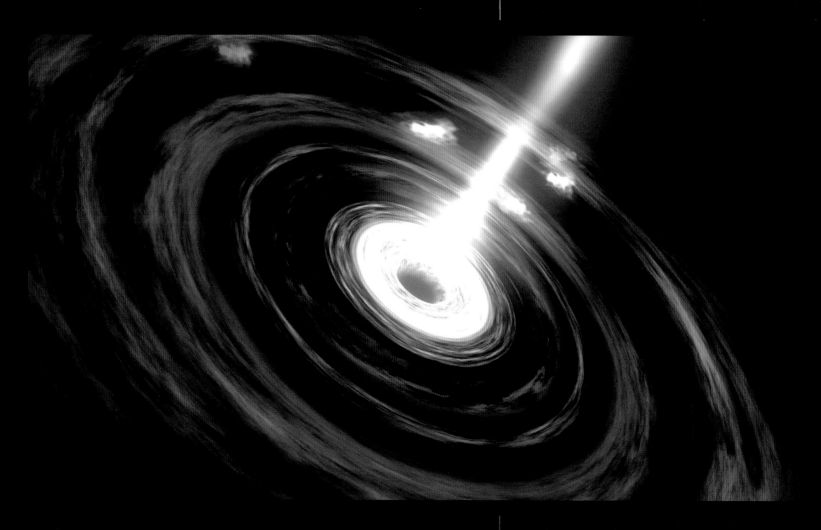

　감마선을 생성할 수 있는 물체는 많이 존재하며, 그 가운데는 중성자 별도 있다. 항성이 붕괴되면 매우 밀도가 높은 중심핵만 남는데, 바로 이것이 중성자 별이다. 중성자 별 중에는 매우 강한 자기장을 띤 것도 있는데, 천문학자들은 이를 '마그네타'라고 부른다(오른쪽 이미지에 묘사되어 있다). 이러한 자기장이 붕괴될 때 바로 감마선이 생성된다. 감마선을 생성하는 또 다른 물체를 천문학자들은 '블레이저'라고 부른다. 블레이저는 중심에 거대한 블랙홀이 있고 여기에서 강력한 제트가 뿜어져 나오는 은하를 말한다(위의 이미지를 보라).

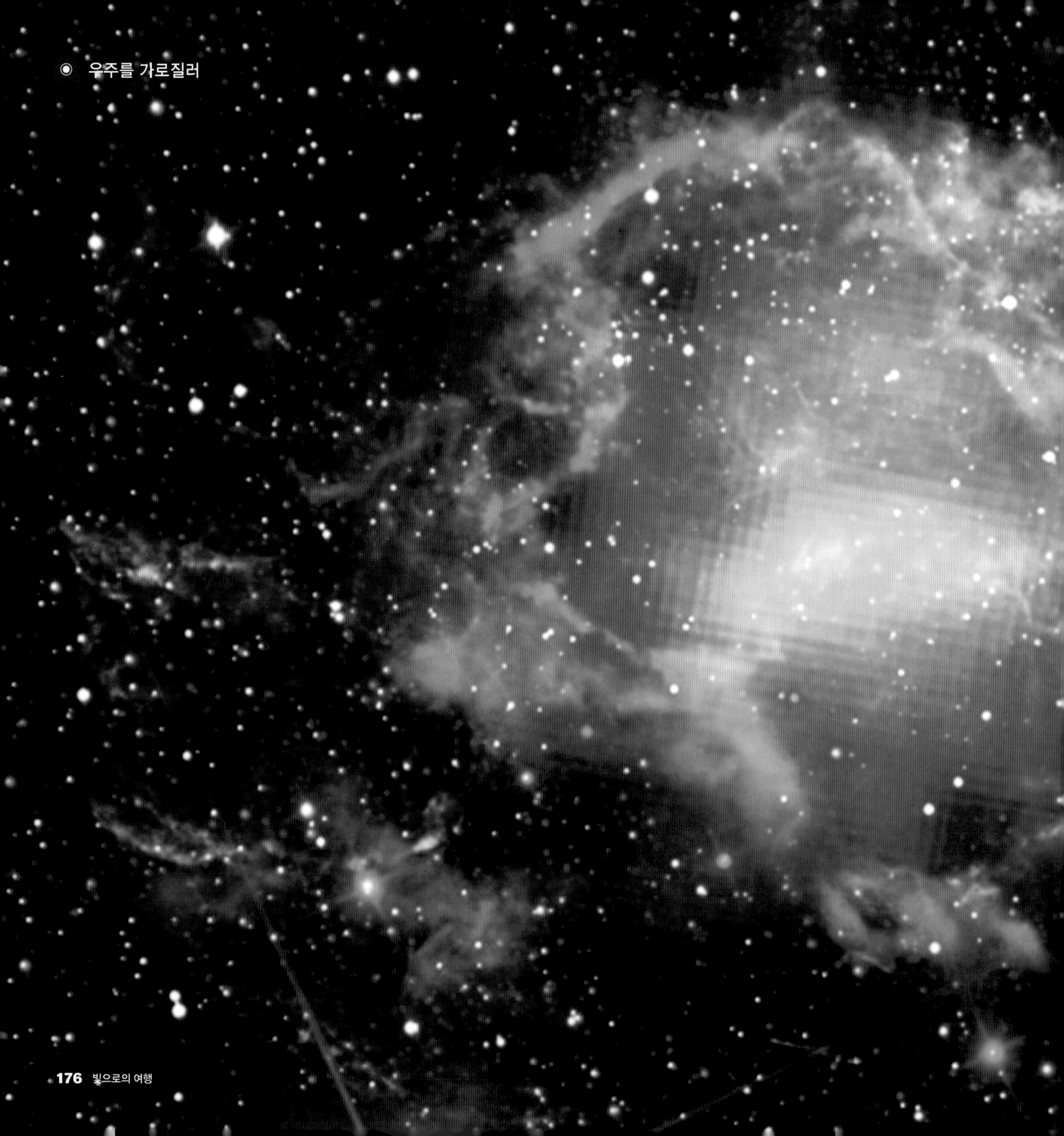

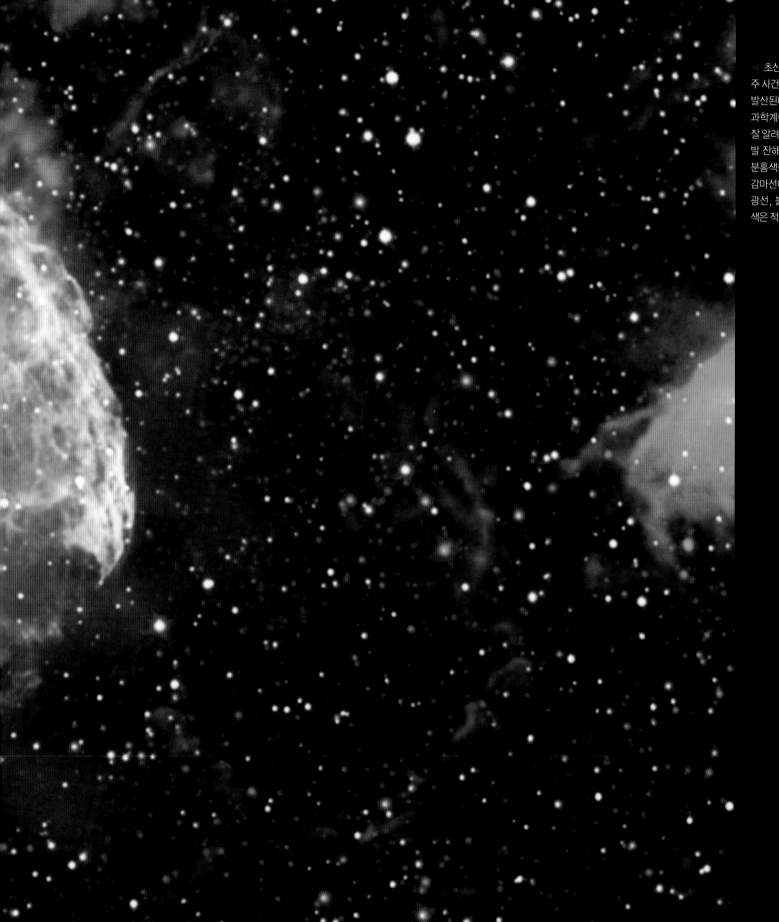

초신성 폭발은 강력한 우주 사건이며, 이때 감마선이 발산된다. 이 이미지에서는 과학계에서 IC 443으로 더 잘 알려진 해파리 성운의 폭발 잔해를 보여 준다. 진한 분홍색을 띤 것이 발산되는 감마선이고, 노란색은 가시광선, 붉은색과 녹색, 푸른색은 적외선이다.

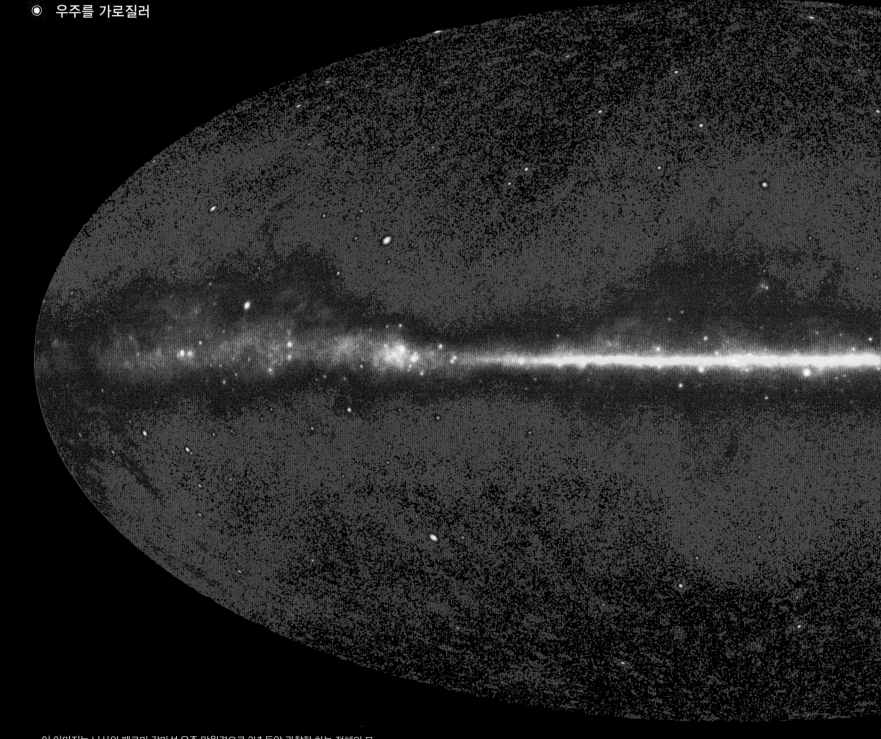

이 이미지는 나사의 페르미 감마선 우주 망원경으로 3년 동안 관찰한 하늘 전체의 모습이다. 이 망원경은 2008년 발사되어 지구 대기권 밖에 위치해 있다. 중앙에 밝은 붉은색과 노란색을 띤 띠 모양 부분을 보면 지구와 가까운 곳에서 활발하게 감마선을 복사하는 광원들이 대부분 어디에 있는지를 알 수 있다. 바로 우리 은하의 수평면이다. 이미지 중간 중간, 점처럼 분포되어 있는 광원은 인근에서 폭발한 항성과 멀리 떨어진 곳에 있는 매우 밝은 은하들이다.

감마선으로 본 지구

지금까지 우주에서 가장 이국적인 물체에 대해 다뤘으니 이제 원래 하던 이야기로 돌아가겠다. 고에너지 빛으로 우리의 지구를 보면 어떤 모습일까? 이것이 궁금하다면 이 이미지들을 보라. 감마선 아래에서 실제로 지구가 밝게 빛나는 것을 볼 수 있다. 그렇다면 지구는 왜 이 고하전supercharged 빛을 발산하는 것일까? 그 해답은 거의 빛의 속도로 이동하는 하전입자에 있다. 우주 빔이라고 알려진 이 엄청나게 강력한 입자들은 태양은 물론 더 먼 곳의 우주 광원에서도 온다. 우주 빔은 사방에서 끊임없이 지구에 쏟아지고 있다. 다행히 지구의 대기가 이러한 우주 빔이 지구 표면에 도달하지 못하도록 막아준다. 지구 대기에서 일어나는 원자와 분자의 상호작용은 감마선의 발산을 일으키고, 바로 이 때문에 감마선이라는 독특한 빛 아래에서 우리가 지구를 볼 수 있다.

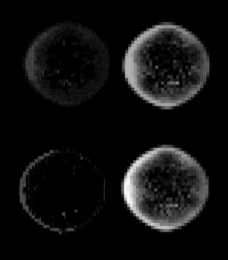

∧ 위의 네 가지 이미지는 나사의 콤프턴 감마선 관측 망원경으로 지구를 각기 다른 빛으로 본 것이다. 붉은색은 에너지가 낮은 감마선, 녹색은 중간, 푸른색은 에너지가 매우 높은 감마선이다. 오른쪽 아래의 네 번째 이미지는 다른 세 이미지를 합성한 것이다. 콤프턴 감마선 관측 위성은 1991년부터 2000년까지 지구 대기권 밖에서 작동되었고, 주요 임무는 원거리 우주 물체를 관찰하는 것이었지만 때로는 지구를 향하기도 했다.

∨ 나사의 페르미 망원경은 인간이 볼 수 있는 것보다 몇천 배에서 몇천억 배 높은 에너지를 지닌 광자를 포착할 수 있다. 이 때문에 매우 에너지가 높은 우주를 연구하는 데 사용된다.

협력의 힘

우리는 이 책에서 빛을 주로 일곱 가지 범주로 나눴다. 전파, 극초단파, 적외선, 가시광선, 자외선, 엑스선, 그리고 감마선이다. 이렇게 한 까닭은 빛이 넓은 범위를 포괄하는 만큼 빛마다 독특하게 할 수 있는 일이 많으며, 인간이 잘 활용한다면 그 이상의 일을 할 수 있다는 사실을 보여 주는 데 있다.

지금까지 빛의 종류에 따라 어떻게 다른지를 대략 살펴보았다. 이제 파장의 길이나 해당 빛이 지닌 에너지가 각각 다르더라도 결국 같은 현상이라는 개념을 확실하게 해야 할 것 같다. 앞서 전자기 스펙트럼, 즉 빛의 전체 범위를 피아노 건반과 비교했다. 같은 계명이라도 옥타브가 달라지면 고유의 분위기를 내고 결국 곡에서 특별하고 독특한 역할을 한다. 하지만 음악가가 음과 코드를 제대로 배치해야만 아름다운 음악이 만들어질 수 있다.

빛도 마찬가지다. 각각 독특한 유형의 빛은 그 특성에 따라 저마다 놀라운 일을 할 수 있다. 고유의 특성이 강한 만큼 때로는 특정한 종류의 빛을 결합해야만 놀라운 사실을 발견하고 테크놀로지를 발전시킬 수 있다.

◀ 섬광을 뿜어내는 하와이 활화산 너머로 별이 가득한 아름다운 하늘을 볼 수 있다. 많은 원시 문화에서는 우리 은하를 우유와 연관시킨다. 로마인들이 우리 은하를 '젖의 강'이라는 의미의 비아 락테아Via Lactea라 이름 지은 것도 수많은 별들이 줄지어 있는 모습이 마치 우유가 흘러가는 것 같기 때문이다. 이를 통해 인간이 천 년 동안 밤하늘을 올려다보며 그저 눈에 보이는 대로 하늘을 연구했다는 사실을 알 수 있다.

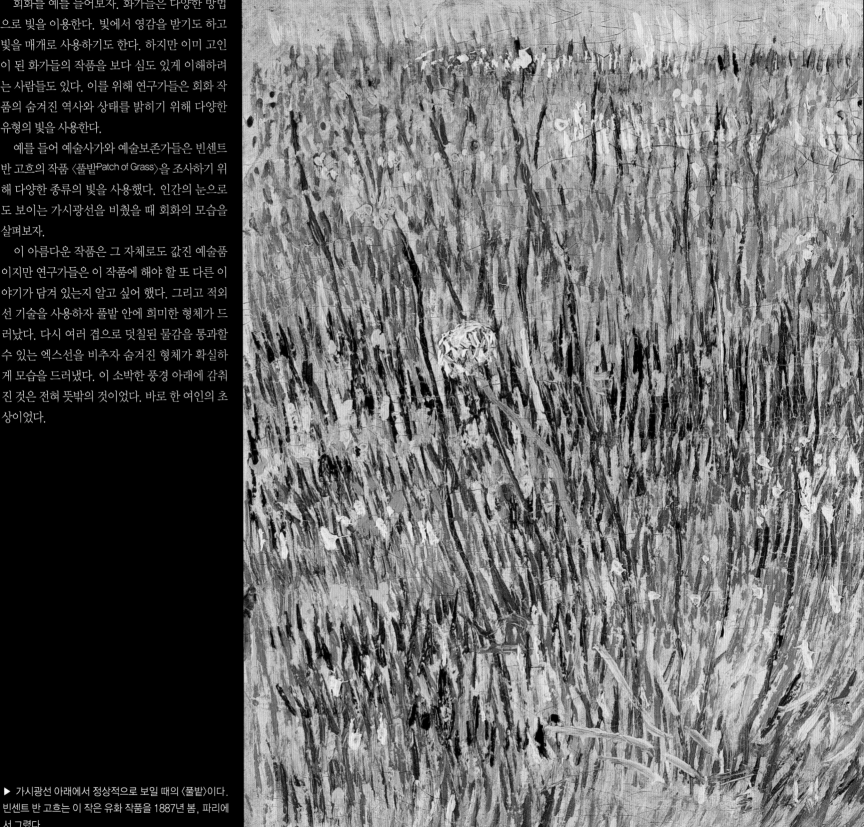

회화를 예를 들어보자. 화가들은 다양한 방법으로 빛을 이용한다. 빛에서 영감을 받기도 하고 빛을 매개로 사용하기도 한다. 하지만 이미 고인이 된 화가들의 작품을 보다 심도 있게 이해하려는 사람들도 있다. 이를 위해 연구가들은 회화 작품의 숨겨진 역사와 상태를 밝히기 위해 다양한 유형의 빛을 사용한다.

예를 들어 예술사가와 예술보존가들은 빈센트 반 고흐의 작품 〈풀밭Patch of Grass〉을 조사하기 위해 다양한 종류의 빛을 사용했다. 인간의 눈으로도 보이는 가시광선을 비췄을 때 회화의 모습을 살펴보자.

이 아름다운 작품은 그 자체로도 값진 예술품이지만 연구가들은 이 작품에 해야 할 또 다른 이야기가 담겨 있는지 알고 싶어 했다. 그리고 적외선 기술을 사용하자 풀밭 안에 희미한 형체가 드러났다. 다시 여러 겹으로 덧칠된 물감을 통과할 수 있는 엑스선을 비추자 숨겨진 형체가 확실하게 모습을 드러냈다. 이 소박한 풍경 아래에 감춰진 것은 전혀 뜻밖의 것이었다. 바로 한 여인의 초상이었다.

▶ 가시광선 아래에서 정상적으로 보일 때의 〈풀밭〉이다. 빈센트 반 고흐는 이 작은 유화 작품을 1887년 봄, 파리에서 그렸다.

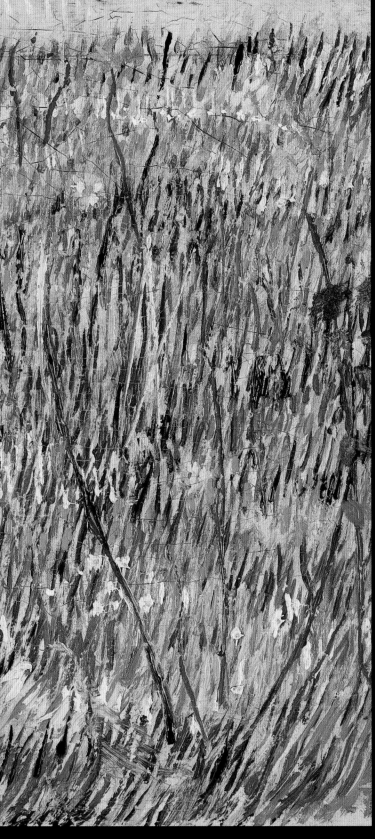

▼ 독일 함부르크에 위치한 독일 전자 싱크로트론 연구소의 연구가들은 이중 저장링 가속기(DORIS accelerator)를 사용해 〈풀밭〉의 풍경 아래에서 한 여인의 초상을 발견했다. 예술사가들은 반 고흐가 풍경화를 그리기 약 2년 전에 이 초상화를 그렸다가 경제적 이유 때문에 캔버스를 다시 사용한 것으로 추측한다(캔버스를 시계 반대 방향으로 90도 회전시켜 사용한 것을 주목하라).

회화 보존과 연구는 나란히 나열된 각기 다른 유형의 빛을 사용해 새로운 사실을 발견하는 한 가지 방법일 뿐이다. 의학용 기술에서 산업용 제조 과정까지, 모든 범위의 빛을 이해하고 궁극적으로 이용하는 능력은 인간에게 편리함과 건강, 그리고 생산성 면에서 많은 발전을 가져다주었다.

이를 다르게 해석하면 자연은 빛이 만들어 낼 수 있는 모든 현상을 통해 그 경이로움을 우리에게 드러낸다는 것이다. 모든 종류의 빛을 탐지하고 분석하지 못했다면 원자의 구성 요소에서 우주의 가장 큰 구조물까지, 과학 분야에서 지금보다 훨씬 적은 지식만을 얻었을 것이다. 각기 다른 유형의 빛은 우리에게 각기 다른 자연의 퍼즐을 제공한다. 그러므로 모든 빛을 이용하여 수집한 정보를 종합하면 우리는 만물의 이치에 대해 가장 완벽한 그림을 그릴 수 있을 것이다.

회화 작품에 빛을 담다 ◀◀

수백 년 동안 화가들은 자신의 작품에 빛을 담는 작업을 해 왔다. 이제 사람들에게 가장 사랑받는 작품 세 점을 중점적으로 다룰 것이다.

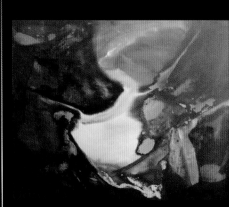

▲ 헨리 반 벤텀Henri van Bentum은 캐나다 출신의 현대미술가로 1929년 롤런드에서 태어났다. 그는 유화, 아크릴화, 수채화 작품을 남겼다. 1964년, 캔버스 아크릴화로 제작된 이 작품의 제목은 〈피어나는 빛Light Sprang Forth〉이다. 그의 작품이 수정과 흡사한 특징을 지닌 것은 아마도 다이아몬드 세공사인 아버지를 둔 배경 때문으로 여겨진다. 그의 작품에는 한결같이 내부에서 발산되는 것 같은 빛, 즉 찬란함이 있다.

▲ 네덜란드 화가 요하네스 베르메르Johannes Vermeer는 1632년 태어나 1675년 사망했다. 그는 작품에 밝은색을 사용한 것은 물론 회화에 빛의 효과를 담는 기법으로 잘 알려져 있다. 1669년 작품인 이 캔버스 유화의 제목은 〈지리학자The Geographer〉다.

과학자들은 각기 다른 유형의 빛을 사용해 우주에서 가장 큰 규모의 물체만 탐험하는 것은 아니다. 몇백 배, 몇천 배, 혹은 그 이상 확대되어야 하는 초소형의 세계를 탐험하는 데도 다양한 방법으로 빛을 사용한다. 광학 현미경은 매우 작은 표본의 이미지를 확대하기 위해 가시광선과 일련의 렌즈들을 사용한다. 우리는 분극을 비롯한 빛의 다양한 특성을 이용하여 단세포 유기물, 세균, 기타 미생물 세계의 경이를 탐험할 수 있다.

가시광선 외에도 연구가들은 적외선, 자외선, 엑스선을 기반으로 한 여러 가지 기술을 사용하여 초소형의 세계에서 어떤 일이 일어나고 있는지를 조사한다. 이미지의 해상도는 사용된 빛의 파장에 따라 결정된다. 즉 파장이 짧을수록 작은 물체의 이미지를 볼 수 있다는 의미다. 예를 들어 엑스선은 결정체의 원자와 분자 구조를 관찰하는 데 매우 유용하다.

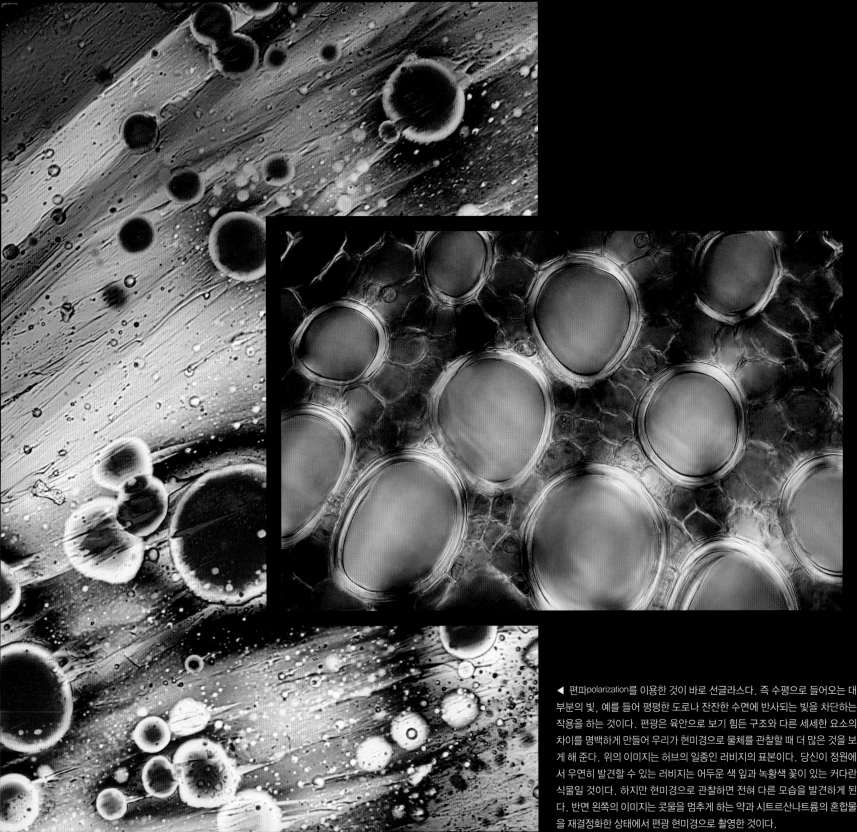

◀ 편파polarization를 이용한 것이 바로 선글라스다. 즉 수평으로 들어오는 대부분의 빛, 예를 들어 평평한 도로나 잔잔한 수면에 반사되는 빛을 차단하는 작용을 하는 것이다. 편광은 육안으로 보기 힘든 구조와 다른 세세한 요소의 차이를 명백하게 만들어 우리가 현미경으로 물체를 관찰할 때 더 많은 것을 보게 해 준다. 위의 이미지는 허브의 일종인 러비지의 표본이다. 당신이 정원에서 우연히 발견할 수 있는 러비지는 어두운 색 잎과 녹황색 꽃이 있는 커다란 식물일 것이다. 하지만 현미경으로 관찰하면 전혀 다른 모습을 발견하게 된다. 반면 왼쪽의 이미지는 콧물을 멈추게 하는 약과 시트르산나트륨의 혼합물을 재결정화한 상태에서 편광 현미경으로 촬영한 것이다.

그림자

이 책을 어떻게 마무리할지를 의논하던 중 우리는 '빛의 부재'를 다루는 것이 적합하다고 생각했다. 사람들 대부분은 그림자가 어떻게 생기는지 알 것이다. 당신이 태양처럼 빛을 보내는 광원을 어떤 물체로 차단하면 그 반대편에 어두운 부분이 생기게 되고 이것이 바로 그림자다. 이미 널리 알려진 이 개념은 단순해 보이지만 다양한 유형의 빛에 있어서 매우 중요한 특성이기도 하다. 사람들은 '그림자'라고 하면 날씨가 화창한 날 해변에 드리운 자신의 그림자를 가장 먼저 떠올릴지 몰라도, 전혀 크기가 다른 물체에 의해 드리워지는 그림자도 있다. 개기월식을 예로 들 수 있다. 이는 지구가 달 표면에 그림자를 드리우는 현상이다. 또한 목성의 달이 가스로 가득 찬 목성 표면에 그림자를 드리우는 장면도 확인되었다.

그림자를 만드는 것은 가시광선만이 아니다. 실제로 그림자의 특성은 빛과 그 빛을 막는 물체의 특성에 따라 결정된다. 예를 들어 엑스선을 비췄을 때 인간의 몸은 가시광선을 비췄을 때와 다른 그림자를 만들어 낸다. 뼈는 근육 조직이나 피부보다 밀도가 높으므로 더 많은 엑스선을 차단한다. 뼈 뒤에 있는 필름에 더 적은 엑스선이 도달하고, 이 때문에 엑스선 음영 이미지가 만들어진다. 하지만 의료기관이나 병원에서 엑스선 음영 이미지를 촬영하는 일을 그저 엑스선 촬영이라고 부른다.

빛은 파동 같이 움직이는 특성을 지니고 있으며 이 때문에 빛이 그림자를 드리우는 방식에도 영향을 받는다. 예를 들어 직선이 아니라 파동을 이루며 이동하는 까닭에 모퉁이를 만났을 때 구부러지고 그림자 가장자리가 흐릿해지는 현상이 일어나기도 한다. 이러한 효과를 회절이라 부르며, 이는 빛의 파장에 영향을 받는다. 즉 파장이 길면 회절이 더 많이 일어난다. 이러한 효과는 분자 구조와 홀로그램을 연구하는 회절격자diffraction grating 등 실생활에서 다양하게 응용된다.

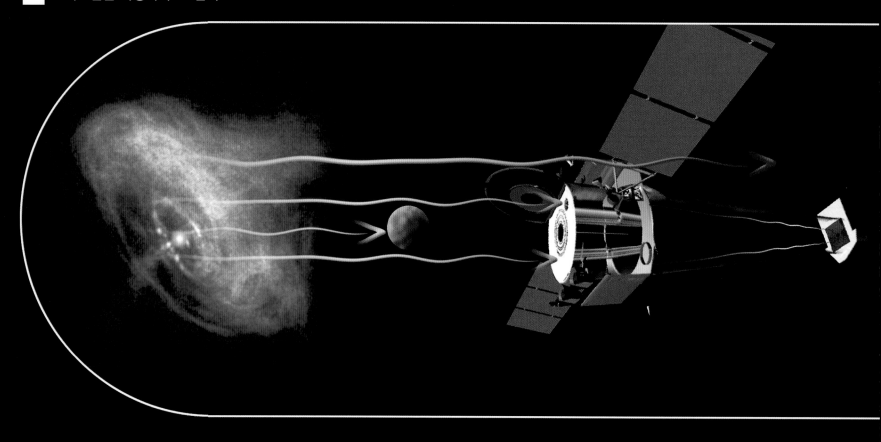

같은 물체를 각기 다른 종류의 빛으로 관찰하면 전자기 스펙트럼의 모든 빛에 우주가 어떤 모습을 드러내는지를 감상하기 쉽다. 소용돌이 은하가 그 좋은 예다. 소용돌이 은하는 우리 은하처럼 나선형 은하다. 하지만 우리 은하와 달리 우리는 소용돌이 은하의 전체 구조를 볼 수 있다. 지구에서 3천만 광년 거리에서 우리를 향해 있기 때문이다. (태양계가 그 안에 파묻혀 있으므로 우리는 우리 은하를 제대로 관찰할 수 없다. 에베레스트 산자락에 선 채 그 산을 배경으로 셀프카메라를 찍는 것을 생각해 보라. 산에서 충분히 떨어진 곳이 아니면 당신은 제대로 된 사진을 찍을 수 없을 것이다.)

우리 은하와 유사한 은하를 연구하면 우리는 우리 은하를 더욱 잘 이해할 수 있다. 천문학자들은 특정한 지점에서 일어나는 물리학적 과정을 모두 알기 위해 다양한 종류의 빛을 이용해 관찰해야 한다. 예를 들어 전파는 상대적으로 온도가 낮은 가스 구름을 드러낸다. 적외선은 먼지대와 형성중인 어린 별을 보여 주고, 엑스선은 폭발이 일어나 블랙홀로 물질이 유입되는 장소를 말해 준다. 이러한 상세한 내용은 모두 그 자체로도 중요하지만 종합했을 때 더 많은 것을 보여 준다.

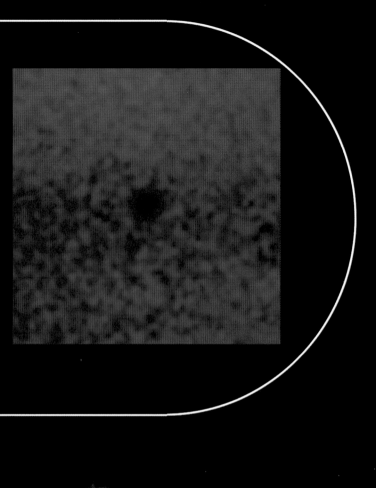

◀ 게 성운 덕분에 토성의 가장 큰 달인 타이탄Titan의 엑스선 이미지가 포착된 적이 있다. 이는 어떻게 된 일일까? 천문학적으로 이 엑스선 그림자는 트랜싯이 일어나는 중에만 포착될 수 있다. 타이탄이 게 성운이라고 알려진 밝은 엑스선 광원과 나사의 찬드라 엑스선 관측 위성 사이를 지나갈 때 이 달의 엑스선 그림자가 영상으로 만들어졌다. 트랜싯은 드물게 일어나는 현상이다. 그리고 트랜싯이 일어나는 동안 획득된 데이터는 타이탄의 대기 엑스선을 측정하는 데 사용되었다.

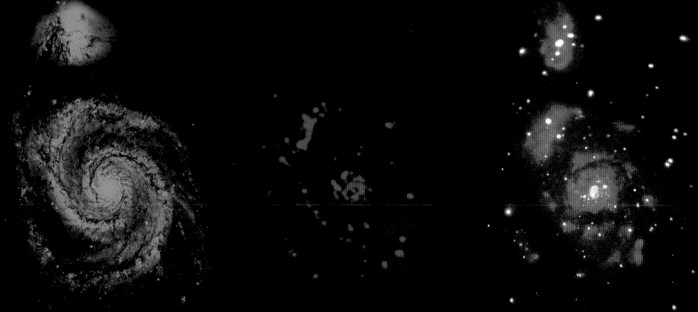

◀ 우리는 약 3억 광년 떨어진 곳에 위치한 나선형 은하인 소용돌이 은하M51에서 빛의 스펙트럼을 엿볼 수 있다. 자외선은 어리고 온도가 높은 별을, 적외선과 가시광선은 뿜어져 나오는 뿌연 가스 팔과 항성을 보여준다. 엑스선은 초고온 가스, 중성자 별, 블랙홀처럼 이국적인 것들을 드러낸다.

우리는 독자들이 이 책을 읽고 매일 빛이 얼마나 다양한 방식으로 우리를 비추고 있는지 알게 되었기를 바란다. 말 그대로든 비유적으로든 말이다. 우리가 마주하는 빛의 상당 부분은 인간이 감지할 수 없지만 생명체가 존재하는 데 없어서는 안 되는 것들이다. 다양한 형태의 빛은 현대 통신, 에너지 생산, 의학 발전, 연예 등 수많은 분야에서 핵심적인 역할을 한다. 우리는 가장 작은 규모는 물론 가장 큰 규모의 세상을 연구하는 데, 그리고 가깝게는 지구에서 멀게는 우주 저편에서 벌어지는 일을 알기 위해 빛을 이용한다.

빛이 없다면 우리는 여러 가지 의미로 어둠에 갇힐 것이다. 인간의 눈으로 볼 수 있는 경계 너머를 보고자 하는 의지가 있다면 당신은 그곳에서 빛으로 가득한 놀라운 세상을 볼 것이다.

▶ 밤하늘을 자세히 살펴보면 우리는 우리 태양계가 속한 은하, 즉 우리 은하가 빛으로 가득한 모습을 볼 수 있다. 지구에서 바라봤을 때 우리 은하의 수많은 항성이 뿜어내는 빛을 합성하면 젖의 강처럼 보인다. 어두운 부분은 항성 사이에 존재하는 먼지 때문에 생기며, 여기에 가로막혀 우리는 가시광선을 통해 우리 은하의 중심을 볼 수 없다. 바로 이러한 이유로 천문학자들은 우리 은하와 우주 전역에서 발견되는 수많은 다른 은하를 연구하는 데 다양한 파장의 빛에 민감한 다양한 망원경을 사용한다.

감사의 말

감사의 말을 전해야 할 사람이 너무나도 많다. 장 V. 내거 리터러리 에이전시의 엘리자베스 에번스, 출판사인 블랙독 & 레벤덜, 그중에서도 편집자인 베키 고에게 먼저 감사하다는 말을 전하고 싶다. 또한 이 책의 출간 프로젝트를 이 끌어주고 지적인 사고를 더해 준 윌리스 터커에게도 감사의 마음을 전한다.

이 책은 2015년 UN이 선언한 〈세계 빛의 해〉가 불씨를 지피지 않았다면 존재하지 않았을 것이다. 이 책의 수많은 이미지에 영감을 준 프로젝트인 〈빛: 우리가 볼 수 있는 빛을 넘어Light: Beyond the Bulb〉와 관련해서는 앨리슨 로마니신, 크리신다 플렌코비치 등 많은 국제 광학 및 포토닉스 협회SPIE 관계자에게 감사하다. 또한 자료를 사용하도록 허락해 준 모든 과학자, 사진가, 화가에게 감사의 마음을 전한다. 그리고 〈세계 빛의 해〉와 같은 프로젝트를 추진할 수 있게 해 준 찬드라 엑스선 관측대의 동료들이 보내 준 지지에도 감사의 인사를 전하고자 한다.

물론 개인적으로도 고마움을 전해야 할 사람들이 많이 있다. 메건은 자신의 삶에서 빛이 되어 준 가족에게 한마디 하라고 하자 뻔한 말이나 장난밖에 떠올리지 못했다. 하지만 크리스틴, 앤더스, 조르자, 아이버, 스텔라의 사랑과 지지가 없었다면 결코 이 책을 쓰지 못했으리라는 사실을 안다. 킴은 남편 존과 아이들 잭슨, 클라라, 부모님, 그리고 가족과 친구들의 사랑과 지지에 깊은 감사를 보낸다. 이들은 그의 '삶을 밝혀주는' 빛이다.

참고자료

웹사이트

Light: Beyond the Bulb
http://lightexhibit.org

International Year of Light 2015
http://www.light2015.org

MinutePhysics
http://youtube.com/minutephysics

Here, There. Everywhere
http://hte.si.edu

Optics Picture of the Day
http://www.atoptics.co.uk/opod.htm

Earth Science Picture of the Day
http://epod.usra.edu

Astronomy Picture of the Day
http://apod.nasa.gov

Causes of Color
http://www.webexhibits.org/causesofcolor/

The Physics Classroom
http://www.physicsclassroom.com/class/light

NASA's Mission: Science "Tour of the Electromagnetic Spectrum"
http://missionscience.nasa.gov/ems/

참고도서

Arcand, K. K., & Watzke, M. Your Ticket to the Universe: A Guide to Exploring the Cosmos. Washington, D.C.: Smithsonian Books, 2013.

Eckstut, J., & Eckstut, A. The Secret Language of Color: Science, Nature, History, Culture, Beauty of Red, Orange, Yellow, Green, Blue, & Violet. New York: Black Dog & Leventhal, 2013.

Orzel, C. How to Teach Physics to Your Dog. New York: Scribner, 2010.

Rector, T., Arcand, K., & Watzke, M. Coloring the Universe: An Insider's Look at Making Spectacular Images of Space. Fairbanks, AK: University of Alaska Press, 2015.

사진출처

빛에 대한 소개

P. 2 NASA/SDO

P. 8–9: NASA

P. 10 (top) Richard F Staples, Jr.; (bottom and all chapter openers) Kevin Hand

P. 11 (left) NASA/SDO; (right) NASA/SDO

P. 12 (top) Sergiu Bacioiu, Creative Commons (CC) Attribution 2.0 Generic; (bottom) Kevin Hand

P. 13 (top) S. Beckwith for the NASA / ESA HUDF Team.; (bottom) ESO/L. Calçada/Nick Risinger

P. 14 Kevin Hand

P. 15 (top) NASA/CXC/M.Weiss; (bottom) Kevin Hand

P.16: Kevin Hand

P. 17 (top) NASA/CXC/U.Texas/S.Post et al.; (bottom) Image courtesy Thomas Deerinck and Mark Ellisman, NCMIR, UCSD

P. 18 J.Moisan & P.Fontaine/RadiantArtStudios.com

P. 19 NASA/JPL-Caltech

P. 20 (top) Kevin Hand; (bottom) Kimberly Arcand

P. 21 2014 © Mohammad Taha Ghouckkanly/PNA

P. 22 Serge Ouachée

1. 전파

P. 24–25 Image courtesy of NRAO/AUI and NRAO

P.26 (top) Sten Dueland, CC 2.0; (bottom) Kevin Hand

P. 27 (top) NASA; (bottom) Popular Science Monthly

P.28 (top) US Government; (bottom) The Ohio State University Radio Observatory and the North American AstroPhysical Observatory (NAAPO).

P. 29: Jp Marquis, CC 3.0

P. 30 Spiralz, http://www.flickr.com/photos/spiralz/29748786/, CC BY 2.0

P. 30–31 Copernicus data (2014)/ESA/PPO.labs/Norut/COMET-SEOM Insarap study

P. 32 National Cancer Institute

P. 33 (top) United States Air Force Pre-1954 Photo Collection/National Archives and Records Administration; (bottom) United States Air Force

P. 34 (top) Thomas Bresson, https://www.flickr.com/people/36519414@N00; (center) Kevin Hand; (bottom) Georgette Douwma

P.35 Kevin Hand

P. 36 NASA/JPL-Caltech

P. 36–37 NASA/JPL-Caltech

P. 38–39 NASA, ESA, S. Baum & C. O'Dea (RIT), R. Perley & W. Cotton (NRAO/AUI/NSF), & Hubble Heritage Team (STScI/AURA)

P. 39 X-ray: NASA/CXC/UCLA/Z.Li et al.; Radio: NRAO/VLA

P. 40–41 X-ray: NASA/CXC/Caltech/P.Ogle et al.; Optical: NASA/STScI & R. Gendler; IR: NASA/JPL-Caltech; Radio: NSF/NRAO/VLA

P. 41 X-ray: NASA/CXC/Caltech/P.Ogle et al.; Optical: NASA/STScI & R. Gendler; IR: NASA/JPL-Caltech; Radio: NSF/NRAO/VLA

2. 극초단파

P. 42–43 NASA/WMAP Science Team

P. 44 (top) Bidgee, creative commons 3.0; (bottom) Richard Bartz, Munich aka Makro Freak, CC BY 2.5

P. 45 (left) Staff Sgt. Andrew Satran; (right) Unknown artist

P. 46 (top and bottom) ESA

P. 48 (top) JIM REED PHOTOGRAPHY/SCIENCE PHOTO LIBRARY; (bottom) NOAA/NWS

P. 49 (top) National Snow and Ice Data Center (NSIDC); (bottom) NASA/JPL

P. 50–51 NASA/ASTER Satellite

P. 51 NASA/JPL

P. 52 (top) Joel Mills, CC BY 3.0; (bottom left) Pingu Is Sumerian, CC BY 3.0; (bottom right) Kevin Hand

P. 53 ESO/B. Tafreshi (twanight.org)

P. 54 NASA Earth Observatory image by Robert Simmon, using Suomi NPP VIIRS data provided courtesy of Chris Elvidge (NOAA National Geophysical Data Center). Suomi NPP is the result of a partnership between NASA, NOAA, and the Department of Defense.

P. 54–55 NASA/Johnson Space Center

P. 56 ALMA (ESO/NAOJ/NRAO)

P. 57 NASA/JPL-Caltech

P. 58–59 ESO/M. Kornmesser

P. 60 ESO/WFI

P. 61 ESO/WFI (visible); MPIfR/ESO/APEX/A. Weiss et al. (microwave); NASA/CXC/CfA/R.Kraft et al. (X-ray)

P. 62–63 ESA – D. Ducros

P. 63 ESO/WFI (visible); MPIfR/ESO/APEX/A. Weiss et al. (microwave); NASA/CXC/CfA/R.Kraft et al. (X-ray)

3. 적외선

P. 64–65 © ESA/JAXA

P.66 (top) NOAA; (bottom) NASA/JSC/Mike Trenchard

P. 67 (top) NASA/NOAA GOES Project, Dennis Chesters; (bottom left) Vilisvir CC 3.0; (bottom center) Gaetan Lee from London, UK, CC BY 2.0; (bottom right) Sourced from a book by Hector Macpherson. From the picture in the National Portrait Gallery (public domain).

P. 68 (top left) KMJ, alpha masking by Edokter, CC BY 3.0; (top right) Sun Ladder, CC BY 3.0; (bottom) Kevin Hand

P. 69 (top) Optoelectronics Research Centre, Southampton, UK; (bottom) Kevin Hand

P. 70 NASA/CXC/M.Weiss

P. 71 (top center)NASA/JPL; (bottom center) NASA/JPL AIRS Project; (right) NASA/NOAA

P. 72 NASA Earth Observatory images by Robert Simmon, using Landsat data

P. 72–73 NASA Earth Observatory images by Robert Simmon, using Landsat data

P. 74 NASA/CXC/M.Weiss

P. 75 NASA/JPL-Caltech/R. Hurt (SSC)

P. 76 (top) Ted Kinsman/SCIENCE PHOTO LIBRARY; (bottom) Jibesh patra, CC BY 4.0

P. 77 Michael J.Therien, National Cancer Institute Grant R33-NO1-CO-29008

P. 78–79 Prabhu B. Doss

P. 79 Sue Vincent

P. 80 NASA/JPL-Caltech/J. Stauffer (SSC/Caltech)

P. 80–81 Gemini Observatory/AURA

P. 82 ESO/J. Emerson/VISTA. Acknowledgment: Cambridge Astronomical Survey Unit

P. 82–83 NASA/JPL-Caltech/S. Stolovy (SSC/Caltech)

P. 84 NASA/JPL-Caltech/R. Kennicutt (University of Arizona) and the SINGS Team

P. 84–85 NASA and The Hubble Heritage Team (STScI/AURA)

4. 가시광선

P. 86–87 Thomas DeHoff

P. 88 Lisa & Jeffrey Smith

P. 89 (top) Dennis Schroeder/NREL; (bottom left) Frank Fox, www.mikro-foto.de; (bottom right) National Portrait Gallery, London

P. 90 Kevin Hand

P. 90–91 David Parker/ Science Photo Library

P. 91 Wei Li, National Eye Institute, National Institutes of Health; (inset) Wikimedia commons

P. 92–93 Gabor Szilasi, CC BY-SA 4.0

P. 93 Bjørn Christian Tørrissen, CC BY 3.0

P. 94–95 NASA

P. 96 T. A. Rector, I. P. Dell'Antonio/NOAO/AURA/NSF

P. 97 (top) J. L. Spaulding, creative commons license; (center) © Tomas Castelazo, www.tomascastelazo.com/Wikimedia Commons/CC-BY-SA-3.0; (bottom) USDA

P. 98–99 Tsuneaki Hiramatu

P. 99 Phil Hart

P. 100 (top) Kevin Hand; (bottom) Kevin Hand

P. 101 (top) Hackfish, CC2.5; (bottom) U.S. Navy photo by Cmdr. Ed Thompson

P. 102 (top) NASA, ESA, and the Hubble Heritage Team (STScI/AURA)-ESA/Hubble

P. 103 NASA, ESA, and the Hubble Heritage Team (STScI/AURA)

P. 102-103 NASA/JPL-Caltech/Malin Space Science Systems

P. 104–105 NASA, ESA, N. Smith (University of

California, Berkeley), and the Hubble Heritage Team (STScI/AURA)

P. 106 NASA, ESA and the Hubble Heritage Team (STScI/AURA)

P. 107 NASA, ESA/Hubble

5. 자외선

P. 108–109 Magdalena Turzańska, University of Wroclaw

P. 110 NASA/SDO

P. 111 (top left) Photo: Kreuzschnabel/Wikimedia Commons, Licence: Cc-by-sa-3.0 (http://creativecommons.org/licenses/by-sa/3.0/legalcode); (top center) Neptuul CC BY 3.0; (top right) Unknown artist/Wikimedia commons; (bottom left) ALFRED PASIEKA/SCIENCE PHOTO LIBRARY; (bottom right) Spigget, CC BY 3.0

P. 112 (top) Beo Beyond, CC BY-SA 3.0; (center) European Central Bank, Frankfurt am Main, Germany / Reinhold Gerstetter; this information (image) may be obtained free of charge through http://www.ecb.europa.eu/; (bottom) Davi96

P. 113 (top) Richard Bartz, Munich aka Makro Freak, CC BY-SA 2.5; (bottom) Petr Novák, Wikipedia CC 2.5

P. 114–115 Jon Sullivan

P. 115 Brynn, CC BY-SA 3.0

P. 116–117 Bjørn Christian Tørrissen, CC BY-SA 3.0

P. 118 Schristia, CC 2.0

P. 119 (left) Michele M. F., CC BY-SA 2.0; (top) Kevin Hale; (bottom) NASA/GSFC

P. 120 (top) Kevin Hale; (bottom) Jim G from Silicon Valley, CA, USA, CC 2.0

P. 119–120 Douglas Bank

P. 122 Richard Wheeler (Zephyris), CC 3.0

P. 123 Image courtesy Thomas Deerinck & Mark Ellisman, NCMIR, UCSD

P. 124–125 Nancy Kedersha/Science Photo Library

P. 126–127 NASA/CXC/M.Weiss

P. 128 NASA/SDO

P. 128–129 NASA/SDO

P. 130 Courtesy: Cassini imaging team at NASA/JPL/Space Science Institute.

P. 131 NASA/GALEX

P. 131–132 Galaxy Evolution Explorer Team for NASA/JPL-Caltech

P. 133 (top) X-ray: NASA/CXC/SAO; IR & UV: NASA/JPL-Caltech; Optical: NASA/STScI; (center

left) NASA/STScI; (center right) X-ray: NASA/CXC/SAO; (bottom left) NASA/JPL-Caltech; (bottom right) NASA/JPL-Caltech

6. 엑스선

P. 134–135 Dr. Paula Fontaine/www.RadiantArtStudios.com

P. 136 (top) NASA/JPL-Caltech/GSFC; (bottom) Wellcome Library no. 45788i

P. 137, creative commons 4.0 (left) Dr. Paula Fontaine/www.RadiantArtStudios.com; (right) Unknown artist

P. 138–139 Dmitry G

P. 140 James Heilman, MD, CC 3.0

P. 141 GUSTOIMAGES/SCIENCE PHOTO LIBRARY

P. 142–143 Dr. Paula Fontaine/www.RadiantArtStudios.com

P. 144 (left) Michael Ströck; (right) Alexander McPherson, University of California, Irvine

P. 145 (top) Emily E. Scott, National Institutes of Health grant GM102505; (bottom left) http://en.wikipedia.org/wiki/File:Photo_51_x-ray_diffraction_image.jpg; (bottom center) Copyright (c) Henry Grant Archive/Museum of London; (bottom right) Marjorie McCarty, CC 2.5

P. 146 NASA/CXC/M.Weiss

P. 147 (top) European Space Agency; (bottom) NASA/CXC/SAO

P. 148 (top) Madcoverboy at en.wikipedia; (bottom) Photo by Juan Ortega Photography.com

P. 149 Wikimedia Commons – Violetbonmua, CC BY-SA 3.0

P. 149–150 US Air Force, Senior Airman Joshua Strang

P. 151 Stan Richard. nightskyevents.com

P. 152–153 NASA

P. 154 NASA/CXC/NCSU/K.J.Borkowski et al.

P. 155 (left) NASA/CXC/Univ. of Wisconsin/Y.Bai. et al.; (right top) DSS; (right center) NASA/CXC/SAO; (right bottom) NASA/CXC/SAO

P. 156–157 NASA, ESA, J. Jee (Univ. of California, Davis), J. Hughes (Rutgers Univ.), F. Menanteau (Rutgers Univ. & Univ. of Illinois, Urbana-Champaign), C. Sifon (Leiden Obs.), R. Mandelbum (Carnegie Mellon Univ.), L. Barrientos (Univ. Catolica de Chile), and K. Ng (Univ. of California, Davis); (inset) NASA/CXC/U.Birmingham/M. Burke et al.

7. 감마선

P. 158–159 ASPERA/R.Wagner, MPI Munich

P. 160 Lawrence Berkeley Nat'l Lab—Roy Kaltschmidt, photographer

P. 161 (top) Randy Montoya; (bottom left) Randy Montoya; (bottom left) Unknown artist; Paul Nadar

P. 162–163 NASA/GSFC; (inset) NASA/Goddard Space Flight Center Scientific Visualization Studio

P. 164–165 NASA/JSC; (inset) NASA/JSC

P. 166 (left) Ytrottier, CC BY-SA 3.0; (right) RVI MEDICAL PHYSICS, NEWCASTLE/SIMON FRASER/SCIENCE PHOTO LIBRARY

P. 167 Hank Morgan/SCIENCE PHOTO LIBRARY

P. 168 (top) NASA/MSFC; (bottom) NASA/SDO

P. 169 (top) NASA/Goddard Space Flight Center; (bottom left) Dave Thompson (NASA/GSFC) et al., EGRET, Compton Observatory, NASA; (bottom right) ASPERA/Novapix/L.Bret

P. 170–171 (top) NASA; (bottom) Catalin.Fatu at the English language Wikipedia, CC BY-SA 3.0

P. 172 NASA/CXC/SAO

P. 173 X-ray: NASA/CXC/SAO; Infared: NASA/JPL-Caltech

P. 174 NASA/Goddard Space Flight Center Conceptual Image Lab

P. 174–175 NASA's Goddard Space Flight Center/S. Wiessinger

P. 176 NASA/DOE/Fermi LAT Collaboration, Tom Bash and John Fox/Adam Block/NOAO/AURA/NSF, JPL-Caltech/UCLA

P. 178–179 NASA/DOE/Fermi LAT Collaboration; (inset) NASA/Sonoma State University/Aurore Simonnet

P. 179 ASA/CGRO/EGRET/ Dirk Petry

에필로그

P. 180–181 Rogelio Bernal Andreo/DeepSky-Colors.com/Ciel et Espace

P. 182–183 TAH9aKG-J5sfWA at Google Cultural Institute

P. 183 © DESY Hamburg, D; (DORIS accelerator) http://www.vangogh.ua.ac.be/

P. 184 (left) Natasha van Bentum, http://vanBentum.org; (right) Google Cultural Institute

P. 185 Unknown, Wikimedia Commons

P. 186–187 Marek Mís, mismicrophoto.com

P. 187 Marek Mís, mismicrophoto.com

P. 188 (top) Wikimedia Commons – Purityofspirit, creative commons; (bottom) Tomruen,

CC BY-SA 4.0

P. 189 NASA/JPL

P. 190 (top) NASA/CXC/M.Weiss; (bottom left) X-ray: NASA/CXC/SAO; UV: NASA/JPL-Caltech; Optical: NASA/STScI; IR: NASA/JPL-Caltech; (bottom right) IR: NASA/JPL-Caltech

P. 191 (left) Optical: NASA/STScI; (center) NASA/JPL-Caltech; (right) X-ray: NASA/CXC/SAO

P. 192–193 ESO/H. H. Heyer

P. 194–195 Rogelio Bernal Andreo/DeepSky-Colors.com/Ciel et Espace

P. 207 William Cokeley

P. 208 Data-AVHRR, NDVI, Seawifs, MODIS, NCEP, DMSP and Sky2000 star catalog; AVHRR and Seawifs texture-Reto Stockli; Visualization-Marit Jentoft-Nils

찾아보기

▶ 어떤 물체가 광원이 발산하는 빛을 차단하면 그림자가 만들어진다. 이 사진에서 우리는 협곡 꼭대기의 틈으로 들어오는 햇살을 받아 미국 애리조나 주 앤털로프 캐니언의 웅장한 벽에 드리운 그림자를 볼 수 있다. 그림자는 전파에서 에너지가 높은 엑스선과 감마선까지 각기 다른 빛에 의해 만들어질 수 있다.

▶ 24시간마다 자전을 하는 까닭에 지구는 태양으로부터 오는 빛에 의해 일부분만 밝혀진다. 이 때문에 지구의 절반은 낮인 동시에 나머지 절반은 밤이 된다. 이 이미지는 태양빛을 반사하는 지구와 어둠에 쌓인 또 다른 지구의 두 가지 데이터 세트를 결합한 것이다. 인간이 거주하는 지역은 밝게 빛나고 있다.